KB041440

마샤 스튜어트의
쿠키 퍼펙션

달콤한 디저트의
격을 높이는
쿠키 레시피 100+

마샤 스튜어트 리빙 지음 | 최경은 옮김

Martha Stewart's
Cookie
Perfection

마샤 스튜어트의 쿠키 퍼펙션

티나

맛있는 디저트 책을 완성할 수 있도록
영감을 준 이 세상 모든 쿠키 베이커들에게

1

멋진 옷을 입은 쿠키

2

변형된 클래식 쿠키

3

조립식 쿠키

쿠키 하나 하실래요?

이 책에는 95가지 쿠키에 대한 이야기가 담겨 있습니다. 책장을 넘기다 보면 흔히 알고 있는 쿠키의 개념을 벗어난 이야기가 많아 조금 당황스러울 수도 있지요. 쿠키란 작고 납작하거나 위쪽이 살짝 부푼 과자인 줄 알았는데, 미국에서 사랑받는 디저트의 크기, 모양, 맛이 얼마나 다양하게 나오는지 알고 나면 그동안 뭔가 잘못 알고 있었다는 생각도 들 것입니다.

이 책을 읽고 나면 쿠키의 개념이 다시 정리될 거예요. 작고 납작하고 달달한 과자만 쿠키가 아니라는 것을 알게 될 테니까요. 필로phyllo, 파테 브리제pâte brisée 또는 파테 수크레 pâte sucrée와 같은 페이스트리 반죽으로 만든 쿠키가 있는가 하면, 4부 <자이언트 쿠키>에 나오는 키친-싱크 쿠키처럼 많은 재료를 꽉 채워 넣기도 하고, 머랭처럼 4~5개의 재료만 넣기도 해요. 초승달, 정사각형, 다이아몬드 등 모양도 다양하고, 겹겹이 쌓기, 필링 채우기, 프로스팅 바르기, 담그기, 설탕 입히기 등의 기술이 들어가기도 하고요. 그리고 대부분은 한 번 구워내지만, 두 번 구워내는 것도 있어요. 3부 <조립식 쿠키>에 나오는 라임 쿠키는 샌드위치나 다름없답니다.

이 책이 홈베이커인 여러분을 '쿠키 퍼펙션'이라는 새로운 영역으로 안내할 것이라고 확신합니다. 일단 마음에 드는 쿠키 하나를 정해서 직접 구워보세요. 혹시 고르지 못했다면 제가 좋아하는 몰라세스-진저 크리스프를 추천할게요. 한번 시작하고 나면 점점 탄력이 붙을 거예요.

이 책의 레시피를 하나하나 시도해보며 여러 가지 맛과 재료를 탐구해보시길 바랍니다. 그리고 여러분의 경험을 나눠주세요. 여러분이 만든 쿠키 사진을 SNS에 올려주세요. 이 책을 어떻게 활용했고, 어떤 레시피가 좋았는지 궁금하답니다. 기다리고 있을게요.

해피 베이킹!

Martha Stewart

마샤 스튜어트

황금 법칙

1. 쿠키의 격을 높이세요.

이 책의 레시피를 따라 만들다 보면 평범했던 쿠키가 특별해집니다. 타히니 쿠키(58쪽)와 키 라임 사블레(73쪽)와 같은 변형된 클래식 쿠키에서도, 화환 쿠키(24쪽)처럼 한껏 멋을 낸 쿠키에서도, 새로운 맛과 질감, 기법이 들어가 있습니다. 전통적으로는 쿠키에 사용하지 않는 도구(마들렌 팬이라든가 고기 망치 등)를 사용하기도 하고, 새로운 토핑을 과감히 얹거나 오랫동안 사랑받아온 옛날식 쿠키에 색다른 맛을 더하기도 했습니다. 그러면서 기본 중의 기본, 쿠키는 맛있어야 한다는 전제를 지켜냈습니다.

2. 준비 작업을 하세요.

예상치 못한 상황을 만들지 않으려면 본격적인 시작에 앞서 레시피를 전체적으로 읽은 후, 재료를 정확한 양으로 계량하고 손질해놓아야 합니다. 버터를 실온에 둘 것인가 아니면 녹일 것인가? 견과류는 구워놓아야 하는가? 초콜릿은 잘게 썰어야 하는가? 마른 재료의 양을 정확히 측정했는가? 사전 준비를 잘해놓으면 베이킹이 매끄럽게 진행됩니다.

3. 오븐을 잘 파악해두세요.

오븐마다 특징이 있고 온도가 다르므로 오븐 안에 온도계를 두면 정확한 베이킹을 할 수 있습니다. 그리고 쿠키는 대개 크기가 작고 굽는 시간이 길지 않기 때문에, 타이머를 맞추는 습관을 들이는 게 좋습니다. 아울러 완성된 신호를 얼른 알아챌 수 있도록 수시로 들여다봅니다. 만져보아 건조하고 단단할 때까지 굽는 것이 있는가 하면, 가장자리가 노릇노릇하고 살짝 굳을 정도까지만 굽는 것도 있으므로 주의가 필요합니다.

4. 최적의 위치를 찾으세요.

쿠키 한 판을 구울 경우, 베이킹 시트를 중간 높이 한가운데에 끼웁니다. 한 번에 두 판을 구울 경우, 베이킹 시트를 오븐의 위쪽 3분의 1지점과 아래쪽 3분의 1지점에 끼웁니다. 절반 정도 굽고 나면 베이킹 시트의 위치를 위아래로 바꾸고 앞뒤로 돌려서 골고루 구워지도록 합니다.

5. 베이킹 시트에 유산지를 까세요.

베이킹 시트에 유산지나 실리콘 매트를 깔고 구우면 세척하기 쉽고 골고루 익힐 수 있습니다. 또한 단열재 역할을 하기 때문에 쿠키 밑면이 타는 것을 방지할 수 있습니다.

6. 차갑게 만드세요.

레시피에 쿠키 반죽을 차갑게 만들라는 단계가 나오면, 중요한 단계이니 건너뛰지 마세요(반죽을 차갑게 만들고 휴지시키는 시간까지 총 베이킹 시간에 들어갑니다). 반죽이 차가운 상태에서는 버터가 단단하기 때문에 굽는 동안 반죽이 덜 퍼집니다. 또한 설탕이 수분을 더 많이 흡수하게 하여 맛을 농축시키며, 쫄깃하고 바삭한 황금빛 쿠키를 만들어냅니다.

7. 보관 방법에 유의하세요.

쿠키 속에 열기가 남으면 눅눅해질 수 있으므로 완전히 식힌 후 보관하고, 쿠키 사이에 유산지를 깔아 서로 달라붙지 않게 보관하세요. 그리고 바삭한 쿠키와 부드러운 쿠키를 한데 담아 보관하면 안 됩니다. 바삭한 쿠키가 다른 쿠키의 수분을 흡수하여 눅눅해지기 때문이에요. 구운 당일 바로 먹어야 좋은 쿠키도 있지만, 대부분의 쿠키는 3일 동안 두었다 먹어도 괜찮습니다. 어떤 것은 몇 주일 동안 보관할 수 있고 쇼트브레드나 비스코티는 시간이 지날수록 더 맛이 좋아집니다.

주요 재료

이 책의 레시피는 다양한 재료를 쓰는 것이 특징입니다. 그렇더라도 가장 기본적인 재료를 잘 선택하고 준비하는 방법을 아는 것이 맛있는 쿠키를 만드는 첫 단계입니다.

버터

나트륨 권장량을 고려해 무염버터를 추천합니다. 쇼트브레드 같은 일부 레시피에는 유럽식 고지방 버터(82% 이상 함유)를 사용하여 진한 풍미가 나게 합니다. 버터와 설탕을 크림화할 때에는 버터를 미리 실온에 꺼내두어 손가락으로 눌러보아 살짝 들어갈 정도로 녹입니다. 만약 미리 냉장고에서 꺼내두는 것을 잊어버렸다면, 전자레인지에 5초씩 돌리며 부드러운 상태를 만듭니다. 또는 박스 그레이터 아래 그릇을 받쳐놓고 큰 구멍 쪽으로 버터를 갈아주세요. 스틱버터보다 녹는 시간이 단축될 것입니다.

달걀

달걀은 차가워야 흰자와 노른자가 잘 분리됩니다. 하지만 다른 재료들과 섞어야 할 때는 실온 상태가 낫습니다. 미리 실온에 꺼내두지 못했다면 따뜻한 물이 담긴 그릇에 10분 정도 담가두면 됩니다.

설탕

설탕은 반죽에 단맛을 가하고 캐러멜 풍미를 주며 황금색을 띠게 합니다. 이 책의 레시피에는 대부분 백설탕이 들어갑니다. 황설탕을 넣을 때는 계량컵에 눌러 담아야 양이 맞습니다. 슈가파우더(옥수수전분을 첨가하여 곱게 간 설탕)는 아이싱과 글레이즈의 주재료이며, 체에 내려 덩어리를 풀어준 후 사용합니다. 샌딩슈가는 입자가 고운 것과 굵은 것이 있고 색상도 다양합니다. 장식할 때 쓰면 반짝반짝 예쁘게 마무리할 수 있습니다.

밀가루

이 책에 나오는 쿠키들은 대부분 중력분으로 만듭니다. 그리고 밀의 조직과 질감을 더 잘 느낄 수 있도록 무표백을 썼습니다. 밀가루를 계량할 때에는 숟가락으로 두어 번 휘저은 후 계량컵에 떠 넣고 나이프로 윗면을 평평하게 깎아냅니다. 믹서를 저속으로 맞추고 조금씩 넣으면서 날가루가 보이지 않을 정도로만 가볍게 섞어주세요. 과도하게 저으면 딱딱한 쿠키가 될 수 있으므로 주의합니다.

소금

소량의 소금은 단맛의 균형을 잡아주고 맛을 돋우어줍니다. 대부분의 레시피에는 굵은소금(코셔 소금, 특히 다이아몬드 크리스털Diamond Crystal 제품 선호)이 들어갑니다. 빨리 녹아들기 때문이에요. 쿠키 위에 뿌릴 스프링클용으로는 말돈Maldon이나 플뢰르 드 셀(fleur de sel, 프랑스 게랑드 지역 염전의 가장 위에 떠 있는 소금을 수작업으로 수확한 것-역주)과 같은 피니싱 솔트를 사용합니다.

색소

식용 색소는 냉동 건조 과일 같은 데서 얻은 천연 색소부터 인공적인 젤 색소까지 다양합니다. 아이싱과 프로스팅을 아름다운 색으로 물들일 수 있어요. 젤 페이스트 제형의 색소를 사용할 때는 한 번에 한 방울씩 떨어뜨리거나, 이쑤시개에 소량을 찍어 톡톡 두드리며 넣습니다. 잘 섞은 후 색감을 보면서 추가합니다. 액상 색소는 아이싱이나 프로스팅을 묽게 만들 수 있으므로 조금 넣고 저었다가 상태를 보고 양을 조금씩 늘립니다.

초콜릿

이 책의 레시피에는 다양한 초콜릿이 나옵니다. 카카오 함량 61% 이상을 선호하고 세미스위트나 비터스위트 초콜릿부터 화이트 초콜릿까지 다양한 초콜릿을 씁니다. 코코아가루는 일반 코코아가루와 더치 프로세스 코코아가루가 있습니다. 일반 코코아가루는 가공 처리하지 않은 것으로 순수한 초콜릿 맛이고, 구웠을 때 적갈색 빛깔이 납니다. 더치 프로세스는 맛이 좀 더 부드럽고, 구웠을 때 어두운 검은색 빛깔이 납니다.

기본 도구

반드시 필요한 도구가 있고, 쿠키 스쿱처럼 빠르고 편리하게 만들도록 도와주는 도구가 있습니다.

전동 믹서
이 책에 나오는 대부분의 레시피는 마른 재료를 섞고, 버터와 설탕을 크림화하는 것(실온의 버터에 설탕을 넣고 연한 미색으로 풍성해질 때까지 휘젓는 것)부터 시작합니다. 이때 전동 믹서가 필요합니다. 베이킹을 자주 한다면 핸드 믹서보다 더 고르고 빠르게 섞어주는 스탠드 믹서를 추천합니다(크림화할 때는 패들 반죽기를, 머랭을 칠 때는 거품기로 바꿔 끼워주세요). 핸드 믹서 역시 머랭을 포함한 모든 믹싱 단계에서 잘 쓸 수 있는 도구입니다.

테두리가 있는 베이킹 시트
고르게 굽기 위해 고강도 알루미늄 재질을 선택하세요. 테두리가 있는 베이킹 시트는 가장자리가 높이 2.5cm로 둥글게 말려 있어 바 쿠키나 쇼트브레드에 적합합니다. 반죽이 가장자리 너머로 절대 퍼질 일이 없으므로 어떤 종류의 쿠키라도 굽기 좋지요. 하프 사이즈가 약 46cm×33cm이며, 표준 오븐에 딱 맞는 크기입니다. 대부분의 레시피에는 베이킹 시트가 2개 이상 필요하고, 한 번 굽고 나면 충분히 식힌 후 사용합니다.

밀대
밀대는 반죽을 일정한 두께로 밀 때 반드시 필요합니다. 손잡이가 있는 것과 없는 것(프렌치 롤링 핀) 두 종류가 있습니다. 손잡이가 있는 밀대는 무겁고 직경이 크지만, 손잡이가 없는 밀대는 가볍고 길며 가느다랗습니다. 어느 종류든 단풍나무, 너도밤나무, 물푸레나무처럼 부드러운 나무로 만든 것을 선택하는 것이 좋습니다.

식힘망
랙이라고도 부르며 구운 쿠키 주변으로 공기를 통하게 해줍니다(발이 달린 식힘망은 통풍이 더 잘됩니다). 쿠키를 장식하고 남은 아이싱이나 녹인 초콜릿이 밑으로 떨어지게 할 때도 유용합니다. 이때 베이킹 시트 밑에 유산지를 깔아두면 세척하기 쉽습니다. 베이킹 시트 위에 포개어 얹어서 사용할 때에는 큰 직사각형의 스테인리스 스틸 식힘망이 좋습니다.

벤치 스크래퍼
반죽을 조리대에서 깨끗하게 긁어내거나 도마에 썰어놓은 재료들을 그릇으로 옮길 때와 같이 다용도로 쓰입니다. 플라스틱 재질과 스테인리스 스틸 재질이 있습니다. 날에 눈금이 있는 것은 자 겸용으로 쓸 수 있습니다.

틀
이 책에 나오는 쿠키는 대부분 베이킹 시트만 있으면 구울 수 있는데, 일부 쿠키는 케이크틀, 마들렌 팬, 와플콘 메이커 또는 프라이팬이 필요합니다. 부엌에 새로운 틀로 응용할 수 있는 도구가 무엇이 있을지 고민하다 보면 만드는 쿠키의 모양과 범위가 넓어집니다.

유산지와 실리콘 베이킹 매트
베이킹 시트 위에 유산지나 실리콘 베이킹 매트를 깔고 굽는 것이 좋습니다. 유산지는 마이티 오스트레일리아 진저 쿠키(126쪽)와 같이 바닥 면이 바삭한 쿠키를 구울 때 좋고, 매트는 자작나무 껍질 튀일(36쪽)과 같이 얇고 섬세한 쿠키를 구울 때 좋습니다. 시트를 세척할 때에는 젖은 스펀지로 대강 닦아낸 다음 따뜻한 오븐에 넣어 몇 분 동안 말립니다.

짤주머니

페이스트리 백이라고도 하는 짤주머니는 묽은 반죽을 짜내거나 아이싱으로 장식할 때 유용한 도구입니다. 구성물로는 원뿔 모양의 비닐 주머니와 모양과 크기가 다양한 깍지, 깍지를 단단히 고정하는 커플러가 있습니다. 짤주머니가 없을 때는 유산지나 지퍼백으로 대체할 수 있습니다.

핀셋

설탕을 입힌 민트 잎, 구슬 스프링클 또는 스팽글과 같은 정교한 장식물을 세밀하게 배치할 때 유용한 도구입니다.

자

30㎝ 자가 있으면 쿠키의 지름이나 스쿱의 크기, 베이킹 시트 위에 놓은 쿠키의 간격을 잴 때 편리합니다. 또한 슬라이스-앤-베이크 쿠키(240쪽)의 부드러운 통나무 반죽을 성형할 때 유용합니다.

체

스트레이너라고도 불리는 체는 크기가 다양합니다. 촘촘한 체는 작은 입자도 걸러내므로 밀가루나 슈가파우더의 덩어리를 풀어주는 데 좋습니다. 작은 크기의 체는 슈가파우더를 체 쳐서 쿠키 위에 뿌릴 때 사용합니다. 스테인리스 스틸 재질을 선택하세요.

스패출러

크고 납작한 스패출러는 쿠키를 베이킹 시트에서 식힘망으로 옮길 때 씁니다. 특히 자이언트 쿠키 챕터(115쪽)의 초대형 쿠키를 쉽게 옮길 수 있어요. 작은 오프셋 스패출러는 아이싱을 펴 바르거나 쇼트브레드 반죽 윗면을 매끄럽게 하는 데 유용합니다.

쿠키 커터

쿠키 커터는 단순한 하트부터 복잡한 동물까지 여러 가지 모양을 손쉽게 만들어낼 수 있어 많이 사랑받는 도구입니다. 반죽이 커터에 달라붙지 않게 하려면 반죽을 차갑게 만들고 커터에 밀가루를 묻히면서 찍어냅니다.

쿠키 스쿱

아이스크림 스쿱이라고도 하며 깔끔하고 일정한 크기의 쿠키를 만들 수 있습니다. 우선 반죽이 모양을 유지할 만큼 단단한 상태인지 확인하고 너무 질면 몇 분 동안 냉장실에 넣어둡니다. 작은 엄지 쿠키를 만들 지름 2.5㎝ 스쿱부터 자이언트 쿠키 챕터의 대형 쿠키를 만들 지름 7㎝ 스쿱까지 크기별로 갖추면 좋습니다.

제과용 붓

조리대 위에 남은 밀가루를 정리하거나 반죽을 밀고 난 후 남은 밀가루를 털어낼 때 마른 제과용 붓을 사용합니다. 쿠키에 달걀 물이나 글레이즈를 바를 때에는 솔 길이가 2.5~3.8㎝인 붓이 딱 알맞습니다.

무늬를 찍는 도구

쿠키 커터를 능가하는 훌륭한 도구가 또 무엇이 있을지 찾아봤는데, 쿠키 겉면을 화려하게 수놓는 도구가 많았습니다. 크로셰 도일리를 반죽에 찍으면 글레이즈 스파이스 스노우플레이크(206쪽)처럼 정교한 무늬를 만들 수 있습니다. 고기 망치의 뾰족한 면을 반죽에 찍어 이란 쌀 쿠키(151쪽)처럼 무늬를 만들 수도 있습니다. 그밖에 베이킹 양각 매트와 밀대도 기묘한 각인을 찍어내는 도구입니다.

1

멋진 옷을
입은 쿠키

특별한 것이 필요한 날 이 쿠키들의 모양과 색,
그리고 맛이 일상의 격을 한층 높여줄 것입니다.
프로스팅, 고운 덧가루, 소용돌이무늬, 화려한 장식으로
근사한 옷을 입은 쿠키를 만나보세요.

Pastel Butter Cookies

파스텔 버터 쿠키

40개 분량

아몬드 쇼트브레드 쿠키에 파스텔 톤을 입히려면 슈가파우더에 색을 물들여 뿌리면 됩니다.
은은한 천연 색상을 내기 위해 냉동 건조 과일(블루베리, 라즈베리, 망고)을 곱게 갈아 슈가파우더에 섞습니다.

아몬드 1컵: 껍질 벗겨 구운 것(248쪽 참고)

무표백 중력분 2컵

굵은소금 ½작은술

계피가루 ½작은술

무염버터 2스틱(1컵): 실온 상태

슈가파우더 1컵: 체 친 것 + 한 색깔당 ½컵

바닐라 익스트랙 1작은술

냉동 건조 과일: 블루베리, 라즈베리, 망고 등 다양한 색으로 준비

---

1. 오븐을 175℃로 예열합니다. 푸드프로세서 볼에 구운 아몬드와 밀가루, 소금, 계피를 넣습니다. 아몬드가 고운 가루가 될 때까지 약 1분간 갈아줍니다.

2. 중간 크기 볼에 버터와 슈가파우더 1컵을 넣고 전동 믹서를 이용해서 중속으로 약 4분간 연한 미색이 되고 풍성해질 때까지 휘젓습니다. 바닐라를 넣고 고루 저어줍니다. 믹서를 저속으로 낮추고 아몬드 혼합물을 조금씩 넣으면서 가볍게 섞습니다.

3. 지름 3.8㎝(1큰술)의 쿠키 스쿱으로 반죽을 떠서 유산지를 깐 베이킹 시트에 약 2.5㎝ 간격을 두고 놓습니다. 쿠키 가장자리가 황금색을 띨 때까지 14~16분 동안 굽습니다. 고르게 구워지도록 중간에 베이킹 시트를 앞뒤로 돌립니다. 베이킹 시트를 식힘망으로 옮겨 완전히 식힙니다.

4. 원하는 색 만들기: 푸드프로세서 볼에 과일 ½컵과 슈가파우더 ½컵을 넣은 후 색이 고르게 물들 때까지 곱게 갑니다(밀폐 용기에 담아 1개월 동안 보관할 수 있습니다). 작은 볼 하나에 한 가지 색의 슈가파우더를 담고, 쿠키의 둥그런 윗면을 담가 코팅합니다. 접시로 옮겨서 30분 정도 그대로 둡니다(쿠키는 밀폐 용기에 담아 실온에서 1주일 동안 보관할 수 있습니다).

TIP

냉동 건조 과일(대형마트의 간식 코너에 있음)로 파스텔 분말 식용 색소를 만들었는데, 더 다양한 색상이 필요하면 베이킹 전문점에서 파스텔 분말 설탕 코너를 찾아보세요.

Flower-Embellished Wreaths

화환 쿠키

16개 분량

설탕 쿠키에 글레이즈를 바르고 설탕을 입힌 꽃잎, 설탕에 조린 감귤류와 생강, 다진 피스타치오를 붙이면 특별한 쿠키가 됩니다. 시칠리아 피스타치오를 꼭 써보세요. 사촌 격인 캘리포니아 피스타치오와 비교하면, 크기가 조금 더 작고 우아한 보랏빛이 도는 그윽한 녹색에 더 강렬한 맛이 납니다.

쿠키

무표백 중력분 2컵 + 덧가루 조금

굵은소금 ¼작은술

베이킹파우더 ¼작은술

무염버터 1스틱(½컵): 실온 상태

설탕 1컵

바닐라 익스트랙 ½작은술

달걀 큰 것 1개: 실온에 꺼내놓은 것

오렌지제스트 1큰술: 오렌지 1개의 껍질을 곱게

간 것

브랜디 2큰술

레몬 글레이즈(246쪽)

토핑(선택)

설탕에 조린 생강: 잘게 다진 것(248쪽)

설탕에 조린 감귤류: 잘게 다진 것(248쪽)

피스타치오(시칠리아산 선호): 잘게 다진 것

설탕을 입힌 꽃잎: 작은 팬지, 장미꽃잎, 바이올렛 등 (248쪽)

1. 쿠키 만들기: 중간 크기 볼에 밀가루, 소금, 베이킹파우더를 넣고 섞습니다. 다른 큰 볼에 버터와 설탕, 바닐라를 넣고 전동 믹서를 이용해서 중속과 고속 사이로 약 3분간 연한 미색이 되고 풍성해질 때까지 휘젓습니다. 여기에 달걀, 오렌지제스트, 브랜디를 추가하여 고루 저어줍니다. 믹서를 저속으로 낮추고 밀가루 혼합물을 조금씩 넣으면서 가볍게 섞어줍니다. 밀가루를 살짝 뿌린 조리대에서 반죽을 원반 모양으로 빚습니다. 랩으로 싼 다음 냉장실에 넣어 45분 이상 또는 하룻밤 동안 휴지시킵니다.

2. 밀가루를 뿌린 조리대 위에 반죽을 올리고 0.6㎝ 두께로 밀어 폅니다. 지름 9㎝의 주름링으로 반죽을 눌러 자른 후, 지름 2.5㎝의 원형 쿠키 커터로 중심을 잘라냅니다. 자투리 반죽을 뭉쳐 한 번 더 찍어냅니다.

화환 모양이 된 반죽을 유산지를 깐 베이킹 시트 위에 약 2.5㎝ 간격으로 놓습니다. 냉장실에 넣어 1시간 이상 굳힙니다.

3. 오븐을 175℃로 예열합니다. 쿠키가 단단해지고 가장자리가 황금색을 띨 때까지 15~20분 동안 굽습니다. 고르게 구워지도록 중간에 베이킹 시트를 앞뒤로 돌립니다. 베이킹 시트를 식힘망으로 옮겨 완전히 식힙니다.

4. 쿠키 장식하기: 얕은 볼에 레몬 글레이즈를 담습니다. 한 번에 하나씩, 쿠키 윗면을 레몬 글레이즈에 담가 코팅합니다. 남는 글레이즈는 다시 그릇으로 떨어뜨립니다. 글레이즈를 묻힌 쿠키를 식힘망이나 베이킹 시트로 옮깁니다. 글레이즈가 굳기 전에 핀셋으로 재빨리 토핑을 얹어 장식합니다(선택). 2시간 이상 실온에 두어 완전히 말립니다(쿠키는 밀폐 용기에 담아 실온에서 하룻밤 보관할 수 있습니다).

Ombré Cookies

옴브레 쿠키

36개 분량

버터크림을 진한 색부터 은은한 색까지 여러 빛깔로 물들여보세요. 사진에 예쁘게 나오는 옴브레 작품이 된답니다. 우선 기본이 되는 한 가지 색을 만들어놓고, 흰색 버터크림을 조금씩 추가하여 점점 밝은 톤의 색상을 만듭니다. 이 책에서는 일반적인 식용 색소 대신 식물에서 추출한 분말 색소를 사용하여 아름답고 자연스러운 색을 냈습니다(팁 참고).

무표백 중력분 2컵 + 덧가루 조금

베이킹파우더 ½작은술

굵은소금 ¼작은술

무염버터 1스틱(½컵): 실온 상태

설탕 1컵

달걀 큰 것 1개

바닐라 익스트랙 1작은술

기본 버터크림(245쪽)

천연 식용 색소: 예) 맥코믹McCormick's사의 베리 앤 썬 플라워Berry and Sunflower

---

1. 중간 크기 볼에 밀가루, 베이킹파우더, 소금을 넣고 섞습니다. 다른 큰 볼에 버터와 설탕을 넣고 전동 믹서를 이용해서 중속으로 3~5분간 연한 미색이 되고 풍성해질 때까지 휘젓습니다. 달걀과 바닐라를 넣고 고루 저어줍니다. 믹서를 저속으로 낮추고 밀가루 혼합물을 조금씩 넣으면서 가볍게 섞어줍니다. 이 반죽을 반으로 나눠 둥글납작한 원반 모양으로 빚습니다. 하나씩 랩으로 싼 다음 냉동실에 넣어 20분 이상 굳힙니다. 지퍼백에 넣으면 냉동실에서 3개월 동안 보관할 수 있습니다(사용하기 전 냉장실에서 하룻밤 녹입니다).

2. 오븐을 165℃로 예열합니다. 원반 모양의 반죽 한 덩이를 실온에 5~10분 정도 꺼내놓습니다. 밀가루를 살짝 뿌린 2장의 유산지 사이에 이 반죽을 넣고 0.3cm 두께로 밀어 폅니다. 지름 7.3cm의 원형 쿠키 커터로 반죽을 눌러 자른 후 스패출러로 떠서 유산지를 깐 베이킹 시트로 옮깁니다(반죽이 질어지면 10분간 냉장실에 넣어둡니다). 자투리 반죽을 뭉쳐 더 찍어냅니다.

나머지 한 덩이도 똑같이 반복합니다. 쿠키의 가장자리가 황금색을 띨 때까지 10~12분 동안 굽습니다. 고르게 구워지도록 중간에 베이킹 시트를 앞뒤로 돌립니다. 쿠키를 식힘망으로 옮겨 완전히 식힙니다.

3. 4개의 작은 볼에 버터크림을 ½컵씩 담습니다. 각 볼의 버터크림을 원하는 색으로 물들인 후 색소가 완전히 스며들도록 10분간 그대로 둡니다. 색이 물든 버터크림을 오프셋 스패출러로 떠서 3~4개의 쿠키 윗면에 바릅니다. 각각의 볼에 흰 버터크림을 2큰술씩 추가하며 조금씩 더 밝은색을 낸 후, 또 다른 쿠키 윗면에 바릅니다. 이렇게 흰 버터크림을 계속 더해가며 옴브레 효과를 냅니다. 남은 버터크림은 잘 보관해두었다가 다른 용도로 사용하면 됩니다(쿠키는 밀폐 용기에 담아 실온에서 3일 동안 보관할 수 있습니다).

TIP

사진에 보이는 색상은 비트로 만든 베리 색소와 강황으로 만든 밝은 노란 색소로 기본색을 냈습니다. 밝은 빨간색: 베리색 ¼작은술과 노란색 ⅛작은술을 섞습니다. 밝은 분홍색: 베리색 ¼작은술을 넣습니다. 밝은 오렌지색: 노란색 ¼ 작은술에 베리색을 조금 섞습니다. 밝은 노란색: 노란색 ¼작은술을 넣습니다.

Chocolate Shortbread Hearts

초콜릿 쇼트브레드 하트

32개 분량

투톤 하트 쿠키는 크기가 단계별로 다른 5개의 쿠키 커터로 모양을 찍어낸 후 퍼즐 조각처럼 끼워 맞춥니다. 화이트 초콜릿 반죽과 에스프레소를 넣은 다크 초콜릿 반죽 두 가지를 번갈아 끼우면 감각적인 디자인이 나옵니다.

다크 초콜릿 쇼트브레드

무표백 중력분 1¾컵 + 덧가루 조금

무가당 더치 프로세스 코코아가루 ⅓컵

인스턴트 에스프레소가루 1½작은술

굵은소금 ¾작은술

무염버터 2스틱(1컵): 실온 상태

슈가파우더 ¾컵: 체 친 것

바닐라 익스트랙 1작은술

화이트 초콜릿 쇼트브레드

무표백 중력분 2컵 + 덧가루 조금

굵은소금 ¾작은술

무염버터 1스틱(½컵)과 6큰술: 실온 상태

화이트 초콜릿 57g: 녹였다가(248쪽) 살짝 식힌 것

슈가파우더 ½컵: 체 친 것

바닐라 익스트랙 1작은술

1. **다크 초콜릿 쇼트브레드 만들기:** 볼에 밀가루, 코코아가루, 에스프레소가루, 소금을 넣고 섞습니다. 다른 큰 볼에 버터를 넣고 전동 믹서를 이용해서 중속으로 약 2분간 크림화시킵니다. 설탕을 넣어 고루 저은 후 바닐라를 추가합니다. 믹서를 저속으로 낮추고 밀가루 혼합물을 조금씩 넣으면서 가볍게 섞어줍니다. 이 반죽을 랩으로 싼 다음 2.5㎝ 두께의 원반 모양으로 빚습니다. 냉장실에 넣어 1시간 이상 굳힙니다. 3일 동안 냉장 보관할 수 있습니다.

2. **화이트 초콜릿 쇼트브레드 만들기:** 볼에 밀가루와 소금을 넣고 섞습니다. 다른 큰 볼에 버터와 화이트 초콜릿을 넣고 전동 믹서를 이용해서 중속으로 크림화시킵니다. 설탕을 넣어 고루 저은 후 바닐라를 추가합니다. 믹서를 저속으로 낮추고 밀가루 혼합물을 조금씩 넣으면서 가볍게 섞어줍니다. 이 반죽을 랩으로 싼 다음 2.5㎝ 두께의 원반 모양으로 빚습니다. 냉장실에 넣어 1시간 이상 굳힙니다. 3일 동안 냉장 보관

할 수 있습니다.

3. 원반 모양의 두 가지 반죽을 냉장실에서 꺼내 10분 동안 실온에 둡니다. 밀가루를 살짝 뿌린 2장의 유산지 사이에 다크 초콜릿 반죽을 넣고 0.3㎝ 두께로 밀어 폅니다. 가장 큰 하트 모양 커터로 반죽을 자른 후 유산지를 깐 베이킹 시트로 옮깁니다. 자투리 반죽을 뭉쳐 다시 민 다음 가장 큰 하트를 더 찍어냅니다. 약 15분 동안 냉동실에 넣어 굳힙니다. 화이트 초콜릿 반죽으로도 이 과정을 똑같이 반복합니다. 가장 큰 하트 반죽의 중앙에 두 번째 큰 하트를 찍어 구멍을 냅니다. 계속해서 큰 하트에서 다음 크기의 하트를 찍어 잘라냅니다. 유산지를 깐 베이킹 시트로 옮기고 약 15분 동안 냉동실에 넣어 굳힙니다.

4. 오븐을 160℃로 예열합니다. 가장 작은 조각에 그다음 크기의 조각을 끼우는데, 퍼즐 조각 맞추듯 다크 초콜릿 색상과 화이트 초콜릿 색상을 번갈아 가며 끼웁니다. 완성된 하트를 유산지를 깐 베이킹 시트에 2.5㎝ 간격으로 놓습니다. 다시 냉동실에 넣어 굳힙니다. 두 판을 만들어 15~18분 동안 단단해질 때까지 굽습니다. 고르게 구워지도록 중간에 베이킹 시트를 앞뒤로 돌립니다. 쿠키를 식힘망으로 옮겨 식힙니다(쿠키는 밀폐 용기에 담아 실온에서 1주일 동안 보관할 수 있습니다).

Sparkly Lemon Cookies

스파클 레몬 쿠키

40개 분량

이 둥글납작한 보석들에는 레몬제스트의 진한 레몬향이 스며 있습니다. 달콤한 레몬 글레이즈를 윗면에 먼저 발라놓으면 굵은 입자의 샌딩슈가가 달라붙어 은은하게 반짝이는 쿠키가 됩니다. 예쁘게 장식을 한 것도, 글레이즈만 간단히 칠한 채 장식하지 않은 것도 모두 맛있답니다.

무표백 중력분 2컵

굵은소금 ¼작은술

무염버터 1스틱(½컵)과 2½큰술: 실온 상태

백설탕 ½컵과 2큰술

레몬 3개: 껍질은 갈아 제스트를 만들고, 과육은 즙을 냄(과즙 ⅓컵)

달걀 큰 것 2개

우유 ¼컵

슈가파우더 2¾컵: 체 친 것

굵은 샌딩슈가: 스프링클용(선택)

1. 오븐을 160℃로 예열합니다. 작은 볼에 밀가루와 소금을 넣고 섞습니다. 다른 큰 볼에 버터, 백설탕, 레몬제스트를 넣고 전동 믹서를 이용해서 중속으로 약 10분간 연한 미색이 되고 풍성해질 때까지 휘젓습니다. 달걀을 넣고 고루 저어줍니다. 믹서를 저속으로 낮추고 밀가루 혼합물을 조금씩 넣으면서 가볍게 섞어줍니다. 믹서를 중속으로 올리고 우유를 천천히 부으며 약 5분간 반죽이 형성될 때까지 젓습니다.

2. 짤주머니에 지름 1.3㎝의 깍지(예: 아테코Ateco #806)를 끼우고 반죽을 넣습니다. 유산지를 깐 베이킹 시트 위에 반죽을 지름 3.8㎝의 원형으로 짭니다. 쿠키의 밑면이 연한 황금색이 될 때까지 16~18분 동안 굽습니다. 고르게 구워지도록 중간에 베이킹 시트를 앞뒤로 돌립니다. 베이킹 시트를 식힘망으로 옮겨 완전히 식힙니다.

3. 볼에 슈가파우더, 레몬즙을 넣고 고루 섞습니다. 제과

용 붓으로 쿠키 윗면에 글레이즈를 바르고 샌딩슈가를 뿌립니다. 약 20분 동안 글레이즈를 굳힙니다(쿠키는 밀폐 용기에 담아 실온에서 3일 동안 보관할 수 있습니다).

TIP

감귤류는 무엇이든 다 사용할 수 있습니다. 예를 들어 레몬을 라임으로 대체하거나 둘을 같이 사용해도 됩니다.

Espresso Doily Cookies

에스프레소 도일리 쿠키

24개 분량

부드러운 눈송이를 뿌려놓은 듯한 쿠키 안에 풍부한 커피 향이 가득합니다. 젤리 모양을 만드는 데 쓰는 작은 크기의 아스픽 커터(온라인 및 주방용품 매장에서 아테코Ateco 등의 브랜드 제품 구매 가능)로도 도일리 무늬를 낼 수 있습니다. 선물을 할 때는 틴 케이스 안에 비슷한 무늬의 레이스 종이를 깔고 도일리 쿠키를 담아보세요.

커피콩 2큰술: 부순 것(팁 참고)

우유 ¼컵

무염버터 1½스틱(¾컵): 실온 상태

슈가파우더 ½컵: 체 친 것 + 덧가루 조금

바닐라 익스트랙 ½작은술

커피 익스트랙 1작은술

무표백 중력분 2컵 + 덧가루 조금

굵은소금 ½작은술

---

1. 작은 냄비에 부순 커피콩과 우유를 넣고 중불과 강불 사이로 우유가 끓어오르기 시작할 때까지 데웁니다. 불을 끄고 15분 정도 그대로 둡니다. 가는 체에 내리고 커피콩을 버립니다.

2. 커다란 볼에 버터와 설탕을 넣고 전동 믹서를 이용해서 중속으로 약 2분간 연한 미색이 되고 풍성해질 때까지 휘젓습니다. 바닐라 익스트랙과 커피 익스트랙을 넣고 저어줍니다. 작은 볼에 밀가루와 소금을 넣고 섞습니다. 이 밀가루 혼합물을 두 번에 나눠 1번의 커피 우유와 번갈아 넣으며 반죽으로 뭉쳐질 때까지 섞습니다. 원반 모양으로 빚은 뒤 랩으로 싼 다음 냉장실에 넣어 30분 이상 또는 2일 동안 휴지시킵니다.

3. 오븐을 160℃로 예열합니다. 반죽을 반으로 나눕니다. 밀가루를 살짝 뿌린 유산지에 각각의 반죽을 올려서 0.3㎝보다 조금 두껍게 밀어 폅니다. 꽃 모양 커터나 주름링 커터로 반죽을 찍어내고 베이킹 시트에 2.5㎝ 간격으로 놓습니다. 냉동실에 넣어 약 10분간 굳힙니다.

4. 냉동실에서 꺼내 반죽 중앙을 아스픽 쿠키 커터로 잘라 도일리 패턴을 만듭니다(반죽이 물러지기 시작하면 냉동실에 넣어 굳힙니다). 자투리 반죽을 모아 원반 모양으로 빚고 냉장실에 잠시 넣어두었다가 다시 밀대로 밀고 자릅니다.

5. 쿠키의 가장자리가 단단해질 때까지 12~15분 동안 굽습니다. 고르게 구워지도록 중간에 베이킹 시트를 앞뒤로 돌립니다. 베이킹 시트에서 5분간 식힌 후, 식힘망으로 옮겨 완전히 식힙니다. 슈가파우더를 체 쳐서 쿠키 위에 뿌립니다(쿠키는 밀폐 용기에 담아 실온에서 5일 동안 보관할 수 있습니다).

TIP

커피콩을 부술 때에는 지퍼백에 넣고 주물팬이나 고기 망치 또는 밀대로 살살 찧습니다. 또는 향신료 그라인더나 막자사발에 넣고 굵게 갑니다.

Chocolate Mint Wafers

초콜릿 민트 웨이퍼

50개 분량

그냥 지나치지 못하고 민트 초콜릿 웨이퍼를 몇 상자씩 사온다면 집에서도 한번 만들어보세요. 추억의 사탕이 떠오르는 흰색 구슬 스프링클도 뿌리고, 설탕을 입힌 민트 잎도 얹어 장식하고요.

무표백 중력분 1컵 + 덧가루 조금

무가당 더치 프로세스 코코아가루 ½컵

베이킹파우더 ¼작은술

굵은소금

무염버터 6큰술: 실온 상태

설탕 ½컵

달걀 큰 것 1개: 실온 상태

바닐라 익스트랙 ½작은술

세미스위트 또는 비터스위트 초콜릿 340g: 잘게 자른 것

페퍼민트 익스트랙 ¼작은술

흰색 구슬 스프링클, 설탕을 입힌 민트 잎(248쪽 참고): 장식용(선택)

1. 중간 크기 볼에 밀가루, 코코아가루, 베이킹파우더, 소금 ¼작은술을 넣고 섞습니다. 다른 큰 볼에 버터와 설탕을 넣고 전동 믹서를 이용해서 중속과 고속 사이로 약 2분간 연한 미색이 되고 풍성해질 때까지 휘젓습니다. 달걀과 바닐라를 넣고 고루 저어줍니다. 믹서를 저속으로 낮추고 밀가루 혼합물을 조금씩 넣으면서 가볍게 섞어줍니다. 이 반죽을 랩으로 싼 다음 냉장실에 넣어 1시간 이상 또는 하룻밤 동안 휴지시킵니다(반죽이 매우 말랑해질 것입니다).

2. 오븐을 175℃로 예열합니다. 반죽을 공 모양으로 빚고 (하나당 1작은술 분량), 유산지를 깐 2개의 베이킹 시트에 6㎝ 간격을 두고 놓습니다. 유리컵 바닥에 밀가루를 묻히고 공 모양 반죽을 눌러 지름 3.8㎝, 두께 0.6㎝의 납작한 원형으로 만듭니다. 만져보아 살짝 단단하게 느껴질 때까지 8~10분 동안 굽습니다. 고르게

구워지도록 중간에 베이킹 시트를 앞뒤로 돌립니다. 쿠키를 식힘망으로 옮겨 완전히 식힙니다.

3. 큰 내열 용기에 초콜릿, 페퍼민트 익스트랙, 소금 ⅛작은술을 넣고 중간 크기 냄비에 넣어 중탕으로 끓입니다. 가끔씩 저으며 부드러워질 때까지 2~3분 동안 녹인 후 냄비에서 들어냅니다.

4. 포크 날 사이에 쿠키를 끼우고 초콜릿에 담가 완전히 코팅한 다음, 포크 아래쪽을 볼 가장자리에 대고 톡톡 두드려 남은 초콜릿을 떨어뜨립니다. 유산지를 새로 깐 베이킹 시트로 옮겨 담고 나머지 쿠키에도 초콜릿을 입힙니다. 몇몇 쿠키에는 구슬 스프링클을 뿌리거나 핀셋으로 민트 잎을 붙여 장식합니다(선택). 초콜릿이 굳을 때까지 냉장실에 1시간 이상 넣어둡니다(쿠키는 밀폐 용기에 담아 냉장실에서 3일 동안 보관할 수 있습니다).

Birch Bark Tuiles

자작나무 껍질 튀일

24개 분량

입 안 가득 고소함이 느껴지는 맛을 상상해본 적 있나요? 코코아가루로 자작나무 껍질을 표현한 바삭한 쿠키입니다. 일정하게 돌돌 말린 모양은 스텐실로(팁 참고) 만들 수 있습니다.

큰 달걀의 흰자 2개

설탕 ½컵

무표백 중력분 ½컵

굵은소금 ¼작은술

무염버터 2½큰술: 녹여서 식힌 것

헤비크림 4½작은술

바닐라 익스트랙 ¼작은술

무가당 더치 프로세스 코코아가루 1큰술

---

1. 베이킹 시트에 논스틱 실리콘 베이킹 매트를 깝니다(유산지는 잘되지 않습니다). 큰 볼에 달걀흰자와 설탕을 넣고 전동 믹서를 이용해서 중속으로 거품이 만들어질 때까지 휘젓습니다. 밀가루와 소금을 넣고 고루 저어줍니다. 녹인 버터와 크림, 바닐라를 넣고 섞습니다.

2. 반죽 ½컵을 작은 볼에 옮기고 코코아가루를 섞습니다. 짤주머니에 작은 원형 깍지(예: 아테코Ateco #3 또는 #4)를 끼우고 반죽을 넣습니다. 베이킹 매트 위에 작은 점과 짧은 선, 옹이 무늬를 드문드문 짜서 자작나무 껍질을 표현합니다. 붓을 사용해도 됩니다. 15분 정도 냉동실에 넣어둡니다.

3. 오븐을 160℃로 예열합니다. 스텐실을 자작나무 무늬 위에 놓습니다(팁 참고). 반죽 1½작은술을 떠서 스텐실 안을 채우고, 작은 오프셋 스패출러로 균일하게 펴 바릅니다(아주 얇게 펴 바르세요, 무늬가 조금 번져도 괜찮습니다). 베이킹 시트 하나당 6개 정도 들어갈 만큼 만듭니다. 스텐실을 걷어낸 후 쿠키가 단단해지고 가장자리가 노릇노릇해질 때까지 8~9분 동안 굽습니다. 30초 동안 식힙니다.

4. 스패출러를 쿠키 가장자리에 밀어 넣어 하나씩 들어 올립니다. 쿠키를 원통형 물건에 말고, 이음매 부분이 쟁반 바닥에 닿게 놓습니다(쿠키를 말기 전에 금이 가기 시작하면 오븐에 다시 넣어 몇 초간 데우세요). 쿠키 모양이 잘 잡히면 완전히 식힙니다.

5. 한 판을 다 굽고 난 후 베이킹 매트와 스텐실을 세척하고 나머지 반죽으로도 똑같이 만듭니다(쿠키는 밀폐 용기에 담아 실온에서 3일 동안 보관할 수 있습니다).

TIP

스텐실 만들기: 딱딱한 플라스틱에 (테이크아웃 그릇 뚜껑 등) 지름 13㎝ 원을 그립니다. 가운데에 지름 9㎝ 원을 그립니다. 커터 칼로 두 원을 잘라내어 O 모양 스텐실을 만듭니다.

Animal Gingerbread Cookies

애니멀 진저브레드 쿠키

8 ~ 10 ㎝ 크기 50개 분량

진저브레드로 농장과 숲속 동물을 만들고 로열 아이싱으로 동물들의 특징을 그려서 생명력을 불어넣어보세요. 아이싱 기법으로는 새하얀 바탕에 눈과 코를 점으로 찍어 북극곰을 그리는 단순한 방법도 있고(아이들과 함께하기 좋아요), 여우나 양의 털을 표현하는 화려한 방법도 있습니다.

무표백 중력분 5½컵 + 덧가루 조금

베이킹소다 1작은술

굵은소금 1½작은술

생강가루 4작은술

계피가루 4작은술

넛멕가루 1작은술: 신선하게 바로 간 것

정향가루 1½작은술

무염버터 2스틱(1컵): 실

온 상태

눌러 담은 흑설탕 1컵

달걀 큰 것 2개: 실온 상태

몰라세스 1½컵

로열 아이싱(244쪽) 4컵

젤-페이스트 식용 색소: 갈색과 검정색

고운 샌딩슈가 & 펄슈가: 장식용

---

1. 큰 볼에 밀가루, 베이킹소다, 소금, 생강, 계피, 넛멕, 정향을 넣고 섞습니다. 또 다른 큰 볼에 버터와 흑설탕을 넣고 전동 믹서를 이용해서 중속과 고속 사이로 2~3분간 연한 미색이 되고 풍성해질 때까지 휘젓습니다. 달걀을 한 번에 하나씩 넣고 몰라세스를 넣으며 저어줍니다. 믹서를 저속으로 낮추고 밀가루 혼합물을 조금씩 넣으면서 가볍게 섞어줍니다. 반죽을 3개의 원반 모양으로 나눠 빚은 후 랩으로 하나씩 쌉니다. 냉장실에 약 1시간 동안 넣어둡니다. 단단하되 완전히 굳지 않아 말랑한 느낌이 드는 상태가 적당합니다.

2. 유산지에 밀가루를 넉넉히 뿌리고 원반 반죽을 한 덩이씩 올려 약 0.6㎝ 두께로 밉니다. 남은 밀가루를 붓으로 털어냅니다. 유산지를 깐 베이킹 시트에 반죽을 놓고 냉동실에서 약 15분간 굳힙니다. 쿠키 커터로 원하는 모양을 자르고, 자투리 반죽을 뭉쳐 더 찍어냅니다. 유산지를 깐 베이킹 시트로 옮기고 냉동실에서 약 15분간 굳힙니다.

3. 오븐을 175℃로 예열합니다. 쿠키 가장자리가 황금색으로 변할 때까지 약 15분 동안 굽습니다. 중간에 베이킹 시트를 세게 내리쳐서 기포를 없애고, 고르게 구워지도록 앞뒤로 돌립니다. 베이킹 시트를 식힘망으로 옮겨 완전히 식힙니다.

4. 아이싱을 나눠(½컵은 별도 보관) 각각 다른 색으로 물들입니다. 2개의 짤주머니에 작은 원형 깍지(예: 아테코Ateco #1 또는 #2)를 끼우고 갈색과 흰색의 로열 아이싱을 담습니다. 순록은 짙은 갈색, 여우는 연한 갈색, 양과 소와 북극곰은 흰색 아이싱을 덮습니다(243쪽 참고). 북극곰에는 샌딩슈가를 뿌리고, 양에는 펄슈가를 뿌립니다. 툭툭 쳐서 여분을 털어냅니다. 실온에서 하룻밤 동안 굳힙니다.

5. 남겨둔 아이싱에 슈가파우더를 한 번에 1큰술씩 섞으면서 치약 같은 농도를 만듭니다. 식용 색소를 넣어 원하는 색을 만듭니다(눈은 검은색, 반점과 털은 갈색 등). 짤주머니에 작은 원형 깍지나 오므라진 별 모양 깍지(아테코Ateco #13)를 끼우고 아이싱을 넣은 후 여우를 표현합니다. 원하는 대로 디자인한 후 하룻밤 동안 굳힙니다(쿠키는 밀폐 용기에 담아 실온에서 1주일 동안 보관할 수 있습니다).

Vanilla-Chocolate Log Cookies

바닐라-초콜릿 통나무 쿠키

36개 분량

고풍스러운 나이테에서 영감을 받아 만든 쇼트브레드입니다. 하나의 통나무 조각에 두 가지 맛의 반죽이 소용돌이 모양으로 담겨 있습니다. 구운 쿠키의 테두리를 초콜릿에 재빨리 담가 나무껍질을 표현하고, 잘게 다진 피스타치오를 묻혀 이끼를 표현하면 숲속의 나무 느낌을 실감나게 전할 수 있습니다.

무표백 중력분 2컵

굵은소금 1작은술

무염버터 2스틱(1컵): 실온 상태

슈가파우더 1½컵: 체친 것

바닐라 익스트랙 1작은술

무가당 더치 프로세스 코

코아가루 3큰술

인스턴트 에스프레소가루 ½작은술

뜨거운 물 2큰술

밀크 초콜릿 85g: 녹인 것 (248쪽 참고)

피스타치오 ¼컵: 잘게 다진 것

1. 중간 크기 볼에 밀가루와 소금을 넣고 섞습니다. 다른 큰 볼에 버터, 설탕, 바닐라를 넣고 전동 믹서를 이용해서 중속으로 약 2분간 연한 미색이 되고 풍성해질 때까지 휘젓습니다. 믹서를 저속으로 낮추고 밀가루 혼합물을 조금씩 넣으면서 가볍게 섞어줍니다. 반죽의 반을 덜어놓고 남은 반을 두 덩이로 나눠 원반 모양으로 빚습니다. 랩으로 하나씩 쌉니다. 초콜릿 반죽을 만드는 동안 잠시 휴지시킵니다.

2. 작은 볼에 코코아가루, 커피, 뜨거운 물을 넣고 섞은 뒤 덜어놓은 쿠키 반죽에 넣습니다. 전동 믹서를 저속으로 낮추고 그릇 옆면을 훑어 내리면서 색이 균일해질 때까지 젓습니다. 초콜릿 반죽의 반을 유산지에 올리고 랩으로 덮습니다. 반죽을 25㎝×35㎝ 직사각형으로 밀어 폅니다(반죽이 매우 얇아지겠지만 혹시 찢어지더라도 쉽게 메울 수 있습니다). 한쪽에 잘 놓아둡니다. 남은 초콜릿 반죽과 바닐라 반죽 두 덩이로도 똑같은 과정을 반복합니다.

3. 초콜릿 반죽 한 덩이를 조리대 위에 올리고 랩을 벗깁니다. 바닐라 반죽 한 덩이의 랩을 벗기고 한쪽 면에

유산지가 붙은 상태로 뒤집어 초콜릿 반죽 위에 얹습니다. 손바닥으로 부드럽게 눌러 붙인 후 유산지를 조심스럽게 떼어냅니다. 다른 초콜릿 반죽과 바닐라 반죽도 겹쳐 붙입니다. 짧은 모서리를 몸 쪽으로 놓고 단단하게 말아줍니다. 유산지에 싸서 키친타월심 안에 넣습니다(240쪽 참고). 냉장실에 넣어 1시간 이상 또는 하룻밤 동안 굳힙니다.

4. 오븐을 165℃로 예열합니다. 반죽의 끝을 다듬어 잘라내고 0.6㎝ 두께로 썹니다. 썬 반죽을 유산지 사이에 넣고 밀어서 길이 7.5㎝, 두께 0.3㎝의 둥글납작한 원형을 만듭니다. 유산지를 깐 베이킹 시트 2개에 나눠 옮깁니다.

5. 바삭해질 때까지 8~10분 동안 굽습니다. 베이킹 시트를 식힘망으로 옮겨 완전히 식힙니다. 한 번에 하나씩, 쿠키 가장자리를 녹인 초콜릿에 담갔다가 피스타치오를 묻힙니다. 유산지를 새로 깐 베이킹 시트로 옮기고 45~60분 동안 초콜릿을 굳힙니다(쿠키는 밀폐 용기에 담아 실온에서 5일 동안 보관할 수 있습니다).

스위스 머랭

스위스 머랭의 깃털 같은 가벼움을 느껴보면 이름에 솜사탕, 키세스나 구름 같은 말이 왜 붙는지 모양이 왜 그런지 이해할 수 있습니다. 머랭의 주재료인 설탕은 휘핑한 달걀흰자를 안정화시키고 거품이 꺼지지 않고 형태를 그대로 유지하도록 돕습니다. 다음 페이지에 나오는 세 가지 머랭쿠키는 아래 공통 레시피에 조금씩 다른 재료를 넣어 변형시킨 것입니다. 새하얀 바탕에 코코넛을 묻히고, 사탕 줄무늬를 넣고, 과일에서 추출한 분홍색으로 물들였습니다.

12개 분량

큰 달걀의 흰자 8개
설탕 1¼컵
옥수수전분 2작은술
바닐라 익스트랙 2작은술

---

1. 오븐을 150℃로 예열합니다. 전동 믹서의 큰 내열 용기에 달걀흰자와 설탕을 넣고 중간 크기 냄비에 올려 중탕으로 끓입니다. 설탕이 녹고 내용물을 살짝 만져보아 따끈할 때까지 가끔씩 저으며 약 3분 동안 가열합니다.

2. 전동 믹서를 이용해서 고속으로(스탠드 믹서를 사용할 경우 거품기 부착) 달걀흰자와 설탕 혼합물을 약 5분 동안 휘저어, 뿔처럼 단단하게 서고 윤기가 도는 머랭을 만듭니다. 옥수수전분과 바닐라를 넣고 가볍게 젓습니다.

3. 베이킹 시트의 네 꼭짓점에 머랭을 조금씩 묻히고 유산지를 깐 뒤 유산지가 움직이지 않게 고정시킵니다. 여기에 머랭을 짜거나 숟가락으로 떠서 2.5㎝ 간격을

두고 놓습니다(44쪽의 다양한 머랭 참고).

4. 머랭을 오븐으로 옮기면 바로 온도를 93℃로 낮춥니다. 단단하면서도 말랑한 느낌이 드는 상태가 될 때까지 약 30분 동안 굽습니다. 오븐을 끄고 머랭을 2시간 또는 하룻밤 동안 말립니다(머랭은 밀폐 용기에 담아 서늘하고 건조한 곳에서 2주일 동안 보관할 수 있습니다).

White-Chocolate Swiss Meringue Kisses

화이트 초콜릿
스위스 머랭 키세스

36개 분량

짤주머니에 지름 1.3㎝의 원형 깍지(예: 아테코Ateco #806)를 끼웁니다. 스위스 머랭 만들기 2번 단계까지 준비합니다. 달걀흰자와 설탕 혼합물에 옥수수전분을 넣을 때 바닐라 익스트랙 2작은술 대신 1작은술을 넣고 바닐라빈 1개에서 긁어낸 씨를 넣습니다. 베이킹 시트를 3번 단계대로 준비하고 짤주머니에 반죽을 넣습니다. 베이킹 시트 위에 지름 2.5㎝의 키세스를 2.5㎝ 간격을 두고 짭니다. 4번 단계대로 구운 후 식힙니다. 각 머랭의 밑면을 화이트 초콜릿 230g을 녹인 것에(248쪽 참고) 찍은 후 무가당 코코넛 채 1컵을 묻힙니다. 식힘망으로 옮겨 실온에서 30분 정도 굳힙니다.

Raspberry Swiss Meringue Clouds

라즈베리 스위스 머랭 구름

12개 분량

푸드프로세서에 냉동 건조된 라즈베리 ¼컵을 갈아서 고운 가루로 만듭니다. 고운 체에 내려 씨를 걸러냅니다. 스위스 머랭 만들기 2번 단계까지 준비합니다. 라즈베리를 넣어 살살 섞고 연분홍색 젤 색소를 2~3방울 떨어뜨립니다(원하는 색이 나올 때까지 추가해도 됩니다). 3번 단계대로 베이킹 시트를 준비합니다. 작은 숟가락 가득 머랭을 떠서 지름 7.5㎝의 원형으로 2.5㎝ 간격을 두고 놓습니다. 4번 단계대로 굽습니다.

Candy-Striped Swiss Meringue Kisses

사탕-줄무늬
스위스 머랭 키세스

24개 분량

짤주머니에 지름 1.3㎝의 오픈스타 깍지(예: 아테코Ateco #826)를 끼웁니다. 짤주머니 안쪽에 연분홍색 젤 색소 3줄을 같은 간격으로 칠합니다. 깍지에서 출발하여 짤주머니 입구 10㎝를 남긴 곳까지 얇은 붓으로 칠합니다. 스위스 머랭 만들기 2번 단계까지 준비하고, 3번 단계대로 베이킹 시트를 준비합니다. 짤주머니에 반죽을 넣습니다. 베이킹 시트 위에 지름 6㎝의 소용돌이 키세스를 2.5㎝ 간격을 두고 짭니다. 4번 단계대로 굽습니다.

머랭 팁

- 머랭이 깨지지 않으려면, 믹싱볼이 티끌 하나 없이 깨끗해야 합니다. 뜨거운 물과 레몬즙 한 방울로 볼을 헹군 후 깨끗이 씻어내고 완전히 말립니다.

- 설탕이 다 녹았는지 확인하려면, 따뜻해진 달걀흰자 혼합물을 손가락으로 비벼봅니다. 설탕 입자가 만져지지 않으면 다음 단계로 넘어가도 됩니다.

- 단단한 머랭을 만들려면, 믹서를 저속으로 돌렸다가 점점 고속으로 높입니다. 이렇게 하면 적은 수의 큰 기공 대신 많은 수의 조밀한 기공이 형성됩니다.

- 머랭이 완성되었는지 확인하려면, 거품기를 빼내 거꾸로 들어 올려봤을 때 뾰족한 거품 끝이 부드럽게 휘어지면 완성된 것입니다.

- 베이킹 시트 위에 깐 유산지를 고정하려면, 네 꼭짓점에 머랭 반죽을 조금 묻힌 후 유산지를 붙입니다.

2

변형된
클래식 쿠키

오랜 시간 많은 사람들에게 사랑받은 쿠키는 더는 손볼 게 없어 보입니다.
하지만 녹차 쇼트브레드, 당근-케이크 엄지쿠키, 스파이스 초콜릿 비스코티 등을
보면 그렇지 않다는 걸 알 수 있습니다. 가장 많은 사랑을 받는 쿠키의
친숙한 맛과 모양을 새롭게, 훨씬 더 맛있게 재탄생시켰습니다.

Potato Chip Cookies

감자칩 쿠키

18개 분량

누구나 좋아하는 짭짤한 쿠키가 달달한 동네로 마실을 다니더니 바삭하고 쫄깃하며 중독성 있는 간식으로 바뀌었습니다. 가능하면 간단하게 변형하기 위해 초콜릿칩을 추가했을 뿐인데 행복 지수가 올라가게 되지요. 반죽을 냉장고에 보관한 뒤 구울 경우 감자칩이 눅눅해질 수 있으니 굽기 직전에 만들면 좋습니다.

무표백 중력분 2¼컵

베이킹소다 1작은술

굵은소금 ¾작은술

무염버터 2스틱(1컵): 실온 상태

눌러 담은 황설탕 ¾컵

백설탕 ¾컵

바닐라 익스트랙 1작은술

달걀 큰 것 2개

감자칩 4컵(약 280g): 굵게 부순 것

피칸 1컵: 구워서(248쪽 참고) 굵게 다진 것

폐 용기에 담아 실온에서 5일 동안 보관할 수 있습니다).

1. 오븐을 190℃로 예열합니다. 중간 크기 볼에 밀가루, 베이킹소다, 소금을 넣고 섞습니다. 다른 큰 볼에 버터와 두 가지 설탕을 넣고 전동 믹서를 이용해서 고속으로 2~3분간 연한 미색이 되고 풍성해질 때까지 휘젓습니다. 믹서를 중속으로 낮추고 바닐라와 달걀을 넣어 고루 저어줍니다. 믹서를 저속으로 낮추고 밀가루 혼합물을 조금씩 넣으면서 가볍게 섞어줍니다. 감자칩 2컵과 견과류를 넣고 섞습니다.

2. 얕은 볼에 남은 감자칩을 담습니다. 반죽을 지름 6㎝의 큰 숟가락으로 떠서 공 모양으로 빚은 다음 감자칩에 굴려 코팅합니다. 유산지를 깐 베이킹 시트에 6㎝ 간격을 두고 놓습니다.

3. 황금빛을 띨 때까지 18~20분 정도 굽습니다. 고르게 구워지도록 중간에 베이킹 시트를 앞뒤로 돌립니다. 쿠키를 식힘망으로 옮겨 완전히 식힙니다(쿠키는 밀

TIP

초콜릿칩 쿠키의 열렬한 팬이라면, 1단계에서 감자칩과 견과류를 넣을 때 초콜릿칩 2컵을 추가해보세요.

Pumpkin Snickerdoodles

호박 스니커두들

24개 분량

스니커두들의 맛을 내기 위해 설탕과 향신료만 쓸 필요는 없습니다. 호박 퓌레로 계절감을 더한 촉촉하고 부드러운 쿠키를 만들어보세요. 말랑한 버터가 아닌 녹인 버터로 반죽을 만들면 쫄깃한 식감을 느낄 수 있습니다. 향신료를 섞은 샌딩슈가에 굴린 후 구우면 반짝반짝 빛이 납니다.

무표백 중력분 2컵

베이킹소다 ½작은술

타르타르 크림 ½작은술

굵은소금 ½작은술

넛멕가루 조금: 신선하게 간 것

무염버터 1스틱(½컵): 녹여서 식힌 것

백설탕 1컵

통조림 호박 퓌레 ½컵: 파이 필링용 아님

달걀 큰 것 1개: 실온 상태

바닐라 익스트랙 1작은술

고운 샌딩슈가 ⅓컵

계피가루 1작은술

올스파이스가루 ½작은술

1. 오븐을 190℃로 예열합니다. 중간 크기 볼에 밀가루, 베이킹소다, 타르타르 크림, 소금, 넛멕을 넣고 섞습니다. 다른 큰 볼에 버터, 백설탕, 호박을 넣고 부드러워질 때까지 휘젓습니다. 달걀과 바닐라를 넣고 고루 저어줍니다. 밀가루 혼합물을 조금씩 넣으면서 약 2분간 섞어줍니다.

2. 작은 볼에 샌딩슈가, 계피, 올스파이스를 넣고 섞습니다. 반죽을 큰 숟가락으로 떠서 지름 3.8㎝ 크기의 공 모양으로 빚은 다음 설탕 혼합물에 굴립니다. 유산지를 깐 베이킹 시트에 7.5㎝ 간격을 두고 놓습니다. 유리컵 바닥에 밀가루를 묻혀서 공 모양 반죽을 눌러 1.3㎝ 이하의 두께로 납작하게 만듭니다. 설탕 혼합물을 더 뿌립니다.

3. 밝은 황금색을 띠고 만져보아 단단하게 느껴질 때까지 10~12분 동안 굽습니다. 고르게 구워지도록 중간에 베이킹 시트를 앞뒤로 돌립니다. 베이킹 시트에서 5분간 식힌 후 식힘망으로 옮겨 완전히 식힙니다(쿠키는 밀폐 용기에 담아 실온에서 3일 동안 보관할 수 있습니다).

Carrot-Cake Thumbprint Cookies

당근-케이크 엄지쿠키

18개 분량

당근 케이크가 감미로운 한입 쿠키로 거듭났습니다. 채 썬 당근, 다진 피칸, 통통한 황금 건포도 및 납작귀리는 둥글납작한 엄지 쿠키에 풍성함을 더해줍니다. 크리미한 질감의 필링을 만들려면 일반 크림치즈 대신 염소치즈를 사용하고 살구잼을 넣습니다.

무염버터 1스틱(½컵): 녹인 것

무염버터 4큰술: 실온 상태, 필링용

눌러 담은 황설탕 ⅓컵

백설탕 ⅓컵

큰 달걀의 노른자 1개

무표백 중력분 1컵

생강가루 ½작은술

계피가루 ½작은술

굵은소금 ¾작은술

납작귀리 ¾컵

가늘게 채 썬 당근 ¾컵: 눌러 담은 것, 중간 크기 3개 분량

황금 건포도 ¼컵: 다진 것

피칸 ¾컵: 곱게 다진 것

슈가파우더 ¼컵: 체 친 것

신선한 염소치즈 57g. 실온 상태

살구잼 1½작은술

1. 오븐을 175℃로 예열합니다. 큰 볼에 녹인 버터, 황설탕, 백설탕, 달걀노른자를 넣고 휘젓습니다. 중간 크기 볼에 밀가루, 생강, 계피, 소금을 넣고 섞습니다. 밀가루 혼합물을 버터 혼합물에 넣고 젓습니다. 귀리, 당근, 건포도를 넣고 섞습니다. 뚜껑을 덮고 냉장실에 30분 동안 넣어둡니다.

2. 스쿱으로 반죽을 떠서 지름 3.8㎝ 크기의 공 모양으로 빚은 후 다진 피칸에 굴려 코팅합니다. 유산지를 깐 베이킹 시트에 6㎝ 간격을 두고 놓습니다.

3. 10분간 굽습니다. 오븐에서 꺼낸 뒤 나무 숟가락 손잡이 끝으로 쿠키 가운데를 눌러 움푹 팝니다. 쿠키 밑면이 황금색이 될 때까지 10~12분 이상 굽습니다. 쿠키를 식힘망으로 옮겨 완전히 식힙니다.

4. 중간 크기 볼에 남은 버터 4큰술과 슈가파우더를 넣고 믹서를 이용해서 중속으로 부드러워질 때까지 젓습니다. 염소치즈와 잼을 넣고 가볍게 섞습니다. 짤주머니에 담고 쿠기 중앙에 짜거나 숟가락으로 떠서 올립니다(쿠키는 밀폐 용기에 담아 냉장실에서 3일 동안 보관할 수 있습니다).

Linzer Flower Cookies

린저 꽃 쿠키

12개 분량

고소한 헤이즐넛과 과일잼이 어우러진 클래식 린저 토르테가 작은 꽃 버전으로 재탄생했습니다. 원래는 블랙커런트 젤리가 들어가는데, 베리잼과 오렌지 마멀레이드를 넣어도 색이 밝고 맛있습니다. 꽃잎 모양 쿠키 커터로 잘라 꽃잎에서 예쁜 빛이 비치게 합니다.

헤이즐넛 1컵: 껍질을 벗겨 구운 것(248쪽 참고)

무염버터 2스틱(1컵): 실온 상태

백설탕 ½컵

달걀 큰 것 1개: 실온 상태

바닐라 익스트랙 1작은술

무표백 중력분 2컵과 2작은술 + 덧가루 조금

베이킹파우더 1작은술

계피가루 1작은술

굵은소금 ½작은술

넛멕가루 ¼작은술: 신선하게 간 것

슈가파우더: 덧가루용

베리잼 ¼컵: 라즈베리 등

오렌지 마멀레이드 ¼컵

---

1. 헤이즐넛을 푸드프로세서에 넣고 짧게 끊어가며 곱게 갑니다.

2. 큰 볼에 버터와 백설탕을 넣고 전동 믹서를 이용해서 중속으로 2분간 연한 미색이 되고 풍성해질 때까지 휘젓습니다. 달걀을 넣고 부드러워질 때까지 저어줍니다. 바닐라를 넣고 섞습니다.

3. 중간 크기 볼에 헤이즐넛가루, 밀가루, 베이킹파우더, 계피, 소금, 넛멕을 넣고 섞습니다. 버터 혼합물에 넣고 믹서를 이용해서 저속으로 가볍게 섞어줍니다. 이 반죽을 반으로 나눠 각각 원반 모양으로 빚습니다. 한 덩이씩 랩으로 싼 다음 냉장실에 넣어 1시간 이상 또는 하룻밤 동안 굳힙니다.

4. 오븐을 175℃로 예열합니다. 밀가루를 살짝 뿌린 유산지 위에 원반 모양의 반죽을 올리고 0.6㎝ 두께로 밀어 폅니다. 9㎝ 크기의 꽃 모양 커터로 눌러 자릅니다(반죽이 너무 질면 10분간 냉동실에 넣습니다). 큰 스패출러로 반죽을 떠서 유산지를 깐 베이킹 시트로 옮깁니다. 9㎝ 꽃잎 반죽의 절반을 2㎝ 크기의 물방울 모양 커터로 잘라냅니다. 남은 원반 반죽 한 덩이도 똑같이 반복합니다. 두 반죽에서 나온 자투리를 뭉쳐서 다시 밀고 모양을 찍어냅니다.

5. 하나의 베이킹 시트에 쿠키 윗면(물방울 모양 구멍을 뚫은 것)을 배열하고 다른 베이킹 시트에는 쿠키 밑면(막힌 것)을 배열합니다. 얇고 갈라지기 쉬운 윗면이 더 빨리 구워지기 때문에 밑면보다 먼저 오븐에서 꺼냅니다. 쿠키 가장자리가 살짝 황금색을 띨 때까지 12~14분 동안 굽습니다. 고르게 구워지도록 중간에 베이킹 시트를 앞뒤로 돌립니다. 베이킹 시트를 식힘망으로 옮겨 완전히 식힙니다.

6. 구멍 낸 꽃잎 쿠키 위에 슈가파우더를 가볍게 체 칩니다. 막힌 밑면 쿠키에 잼을 1작은술씩 넉넉하게 바르고 슈가파우더를 체 친 윗면 쿠키로 조심스럽게 눌러 샌드위치처럼 만듭니다(잼을 바르지 않은 쿠키는 밀폐용기에 담아 실온에서 2일 동안 보관할 수 있습니다. 먹기 전에 잼을 바릅니다).

Molasses-Ginger Crisps

몰라세스-진저 크리스프

96개 분량

생강 애호가라면 누구나 좋아하고 마샤 스튜어트도 좋아하는 이 바삭한 과자에는 세 가지 형태의 생강이 들어갑니다. 신선한 생강, 생강가루, 생강 절임(시럽에 조려 말린 것)이 들어가 생강의 매콤한 맛을 다양하게 느껴볼 수 있어요. 굽는 동안 부엌 가득 풍기는 황홀한 향과 한 입 베어 물 때 나는 경쾌한 소리에 빠지면 멈추지 못하고 계속 먹게 되지요.

무표백 중력분 2컵과 2큰술

생강가루 1½작은술

베이킹소다 1작은술

굵은소금 ¾작은술

무염버터 2스틱(1컵): 실온 상태

백설탕 1½컵

달걀 큰 것 1개와 큰 달걀의 노른자 1개: 실온 상태

생강절임 2큰술: 잘게 다진 것

신선한 생강 1작은술: 껍질 벗겨 곱게 간 것

몰라세스 ⅓컵

굵은 샌딩슈가 1컵

---

1. 중간 크기 볼에 밀가루, 생강가루, 베이킹소다, 소금을 넣고 섞습니다. 다른 큰 볼에 버터와 백설탕을 넣고 전동 믹서를 이용해서 중속과 고속 사이로 약 2분간 연한 미색이 되고 풍성해질 때까지 휘젓습니다. 달걀과 달걀노른자, 생강 절임, 간 생강을 넣고 고루 저어줍니다. 믹서를 저속으로 낮추고 밀가루 혼합물을 세 번에 나눠 몰라세스와 번갈아 넣으면서 섞습니다. 뚜껑을 덮고 냉장실에 넣어 최소 1시간 이상 굳힙니다.

2. 오븐을 175℃로 예열합니다. 1작은술짜리 계량 숟가락이나 쿠키 스쿱으로 반죽을 떠서 공 모양으로 빚은 다음 샌딩슈가에 굴려 코팅합니다. 유산지를 깐 베이킹 시트에 6㎝ 간격을 두고 놓습니다.

3. 쿠키가 납작해지고 가장자리가 흑갈색을 띨 때까지 12~14분 동안 굽습니다. 고르게 구워지도록 중간에

베이킹 시트를 앞뒤로 돌립니다. 베이킹 시트에서 그대로 5분간 식힌 후, 쿠키를 식힘망으로 옮겨 완전히 식힙니다(쿠키는 밀폐 용기에 담아 실온에서 2일 또는 냉동실에서 1개월 동안 보관할 수 있습니다).

TIP

생강 껍질을 가장 쉽게 벗길 수 있는 도구는 숟가락입니다. 마디 사이까지 들어가고 얇게 벗겨낼 수 있어요. 숟가락의 오목한 부분을 몸 쪽으로 향하게 잡은 다음 껍질을 긁어냅니다. 숟가락과 생강을 이리저리 움직여 생강 마디 틈새에 낀 껍질까지 벗겨냅니다.

Tahini Cookies

타히니 쿠키

20개 분량

고급스러운 견과류 과자가 먹고 싶을 때는 평범한 땅콩버터 대신 참깨를 떠올려보세요. 반죽에 타히니(볶은 참깨를 갈아 만든 부드러운 페이스트)를 넣고 참깨에 굴립니다. 풍미가 배로 살아나고 오독오독 씹는 맛이 생깁니다.

무표백 중력분 1½컵

베이킹소다 ¾작은술

굵은소금 ½작은술

무염버터 1스틱(½컵): 실온 상태

설탕 1컵

달걀 큰 것 1개: 실온 상태

바닐라 익스트랙 1작은술

타히니 ½컵: 고루 저은 것

참깨 ½컵 또는 검은깨와 참깨 섞어 ½컵: 살짝 볶은 것

---

1. 중간 크기 볼에 밀가루, 베이킹소다, 소금을 넣고 섞습니다. 큰 볼에 버터, 설탕, 달걀, 바닐라를 넣고 전동 믹서를 이용해서 중속과 고속 사이로 약 2분간 연한 미색이 되고 풍성해질 때까지 휘젓습니다. 타히니를 넣고 고루 저어줍니다. 믹서를 저속으로 낮추고 밀가루 혼합물을 넣으면서 가볍게 섞어줍니다. 뚜껑을 덮고 냉장실에 넣어 약 30분 동안 굳힙니다.

2. 오븐을 175℃로 예열합니다. 얇은 접시에 참깨를 펼칩니다. 반죽을 2큰술 떠서 공 모양으로 빚은 다음 참깨에 굴려 완전히 코팅합니다. 유산지를 깐 베이킹 시트에 7.5㎝ 간격으로 놓습니다. 남은 반죽으로도 똑같이 반복합니다.

3. 쿠키가 황금 갈색이 될 때까지 18~20분 동안 굽습니다. 고르게 구워지도록 중간에 베이킹 시트를 앞뒤로 돌립니다. 베이킹 시트를 식힘망으로 옮겨 완전히 식힙니다(쿠키는 밀폐 용기에 담아 실온에서 5일 동안 보관할 수 있습니다).

TIP

참깨는 금방 산패할 수 있으므로 적은 용량을 삽니다. 냉장실에서 3개월 동안 보관하거나 냉동 보관합니다.

Cornmeal Chocolate-Chunk Cookies

옥수수가루 초콜릿-청크 쿠키

36개 분량

뉴욕 에이미스 브레드Amy's Bread에서 파는 황금 건포도와 펜넬 씨앗을 넣은 유명한 세몰리나 빵에서 영감을 받아 개발했습니다(밀크 초콜릿을 잘게 썰어 추가함). 특히 맛과 질감의 조화가 탁월한데, 옥수수가루를 넣어 겉은 바삭하고 건포도를 넣어 속은 쫄깃합니다.

펜넬 씨앗 1큰술

무염버터 1½스틱(¾컵): 실온 상태

설탕 1컵

달걀 큰 것 1개: 실온 상태

무표백 중력분 1컵

노란 옥수수가루 ⅔컵: 중간 굵기로 간 것

베이킹파우더 1작은술

굵은소금 ¾작은술

황금 건포도 ¾컵

밀크 초콜릿 140g: 굵게 썬 것

1. 작은 프라이팬에 펜넬 씨앗을 담고 중불에 올립니다. 향이 올라올 때까지 약 2분간 팬을 흔들어가며 볶습니다. 식힌 후 향신료 그라인더나 막자사발로 곱게 갑니다.

2. 오븐을 175℃로 예열합니다. 큰 볼에 버터, 설탕, 펜넬 가루를 넣고 전동 믹서를 이용해서 중속과 고속 사이로 약 3분간 연한 미색이 되고 풍성해질 때까지 휘젓습니다. 달걀을 넣고 고루 저어줍니다. 밀가루, 옥수수가루, 베이킹파우더, 소금을 넣고 가볍게 섞습니다. 건포도와 초콜릿을 넣고 젓습니다.

3. 큰 숟가락 가득 (또는 지름 3.8㎝ 쿠키 스쿱으로) 반죽을 떠서 유산지를 깐 베이킹 시트에 6㎝ 간격으로 놓습니다. 가장자리가 노릇노릇해질 때까지 약 15분 동안 굽습니다. 고르게 구워지도록 중간에 베이킹 시트를 앞뒤로 돌립니다. 베이킹 시트를 식힘망으로 옮기고 최소 10분 이상 식혀서 따뜻하거나 실온 상태가 되면 먹습니다(쿠키가 완전히 식으면 밀폐 용기에 담아 실온에서 3일 동안 보관할 수 있습니다).

TIP

초콜릿을 굵게 자를 때는 빵칼이 잘 듭니다. 이 레시피에서는 밀크 초콜릿을 넣었는데 다크 초콜릿도 좋습니다.

Brown-Butter Crinkle Cookies

브라운 버터 크링클 쿠키

36개 분량

자그마한 쿠키 안에 고소한 갈색 버터가 흐릅니다. 예술적으로 갈라진 표면은 반죽을 두 가지 설탕에 굴려서 얻은 결과입니다. 백설탕이 슈가파우더를 반죽 표면에 잘 붙잡아놓으면 구울 때 반죽이 퍼지면서 설탕과 반죽이 지그재그로 갈라지게 됩니다.

무염버터 1스틱(½컵)

무표백 중력분 2¼컵

베이킹파우더 ¾작은술

계피가루 ½작은술

굵은소금 ¾작은술

백설탕 1컵

눌러 담은 흑설탕 ½컵

달걀 큰 것 2개

바닐라 익스트랙 1작은술

슈가파우더 ¾컵: 체 친 것

---

1. 냄비에 버터를 넣고 센 불에 가까운 중간 불에서 녹입니다. 끓기 시작하면 중간 불로 줄이고 보글보글 거품이 일 때까지 끓입니다. 가끔씩 젓고 냄비 바닥을 쓸어가며 2~7분 동안 계속 끓입니다. 거품이 가라앉고 버터가 고소한 향과 함께 황갈색으로 변하고, 우유 고형물이 바닥으로 가라앉아 갈색 점으로 분리되면 불을 끕니다. 커다란 내열 용기로 옮겨 10분간 식힙니다.

2. 중간 크기 볼에 밀가루, 베이킹파우더, 계피, 소금을 넣고 섞습니다. 백설탕 ½컵과 흑설탕을 브라운 버터에 넣고 젓다가 달걀과 바닐라를 넣고 고루 저어줍니다. 밀가루 혼합물을 넣고 반죽이 형성될 때까지 젓습니다. 반죽을 랩에 올리고 원반 모양으로 빚은 후 단단히 감쌉니다. 냉장실에 넣어 1시간 이상 또는 2일 동안 굳힙니다.

3. 오븐을 175℃로 예열합니다. 슈가파우더와 남은 백설탕 ½컵을 2개의 볼에 각각 담습니다. 반죽 1큰술을 떠서 공 모양으로 빚은 다음 백설탕에 굴리고 슈가파우더로 코팅합니다(남은 가루는 털어내지 마세요). 유산지를 깐 베이킹 시트에 2.5㎝ 간격으로 놓습니다. 남은 반죽과 슈가파우더로도 똑같이 반복합니다.

4. 쿠키가 살짝 퍼지면서 금이 가고 가장자리가 굳을 때까지 15~18분 동안 굽습니다. 고르게 구워지도록 중간에 베이킹 시트를 앞뒤로 돌립니다. 베이킹 시트를 식힘망에 올려 5분간 식힌 후 쿠키를 식힘망으로 조심스레 옮겨 완전히 식힙니다(쿠키는 밀폐 용기에 한 층으로 담아 실온에서 2일 동안 보관할 수 있습니다).

Oat-and-Spelt Shortbread

오트-스펠트 쇼트브레드

16개 분량

스펠트 밀가루는 일반 밀가루보다 질감이 가볍고 구수한 맛이 납니다. 납작귀리와 함께 사용하면 섬유질이 풍부한 쇼트브레드를 만들 수 있는데 놀라울 정도로 부드럽습니다. 마지막에 비터스위트 초콜릿에 찍고 천일염을 뿌려서 기하학적 무늬를 만들고 단맛의 격을 높입니다.

스펠트 밀가루 1¼컵 + 덧가루 조금

납작귀리 1컵

굵은소금 ½작은술

무염버터 1스틱(½컵): 실온 상태

천연 케인슈가 ½컵

달걀 큰 것 1개: 실온 상태

바닐라 익스트랙 1작은술

비터스위트 초콜릿 113g: 녹인 것(248쪽 참고)

얇고 납작한 천일염: 예) 말돈Maldon(선택)

1. 중간 크기 볼에 밀가루, 귀리, 굵은소금을 넣고 섞습니다. 다른 큰 볼에 버터와 설탕을 넣고 전동 믹서를 이용해서 고속으로 약 3분간 연한 미색이 되고 풍성해질 때까지 휘젓습니다. 달걀과 바닐라를 넣고 고루 저어줍니다. 믹서를 저속으로 낮추고 밀가루 혼합물을 조금씩 넣으면서 가볍게 섞어줍니다.

2. 반죽을 랩으로 싸서 직사각형 모양으로 빚습니다. 냉장실에 넣어 1시간 이상 또는 하루 동안 굳힙니다.

3. 오븐을 160℃로 예열합니다. 밀가루를 살짝 뿌린 유산지 사이에 반죽을 끼웁니다. 1.3㎝ 이하 두께로 민 다음 6㎝의 정사각형으로 자릅니다. 유산지를 깐 2개의 베이킹 시트에 2.5㎝ 간격으로 놓습니다. 살짝 만져보아 단단하고 가장자리가 노릇노릇해질 때까지 24~26분 동안 굽습니다. 고르게 구워지도록 중간에 베이킹 시트를 앞뒤로 돌립니다. 완전히 식힙니다.

4. 쿠키를 하나씩 들고 녹인 초콜릿에 대각선으로 담급니다. 천일염을 뿌립니다(선택). 유산지를 깐 베이킹 시트에 옮겨 담고 냉장실에 넣어 굳힙니다(쿠키는 밀폐 용기에 담아 실온에서 3일 동안 보관할 수 있습니다).

TIP

이스트가 필요하지 않은 레시피에서 스펠트 밀가루는 중력분 또는 통밀가루와 1대 1로 대체할 수 있습니다.

Spicy Chocolate Cookies

스파이시 초콜릿 쿠키

36개 분량

카카오의 깊은 향, 부드러운 식감, 카옌페퍼와 계피의 톡 쏘는 한 방으로 최고급 멕시코 쿠키가 되었습니다. 굽는 도중 잘게 썬 세미스위트 초콜릿이 녹으면서 쿠키 안은 벨벳처럼 부드러워집니다.

무표백 중력분 1½컵

무가당 더치 프로세스 코코아가루 ¼컵

계피가루 1작은술

굵은소금 ½작은술

카옌페퍼 ¼작은술

베이킹소다 1작은술

무염버터 1스틱(½컵): 실온 상태

눌러 담은 흑설탕 1컵

달걀 큰 것 1개: 실온 상태

바닐라 익스트랙 1작은술

세미스위트 초콜릿 340g: 잘게 썬 것

터비나도 설탕 1컵

---

1. 오븐을 160℃로 예열합니다. 중간 크기 볼에 밀가루, 코코아가루, 계피, 소금, 카옌페퍼, 베이킹소다를 넣고 섞습니다.

2. 큰 볼에 버터와 흑설탕을 넣고 전동 믹서를 이용해서 중속과 고속 사이로 약 3분간 연한 미색이 되고 풍성해질 때까지 휘젓습니다. 달걀과 바닐라를 넣고 고루 저어줍니다. 믹서를 저속으로 낮추고 밀가루 혼합물을 넣으면서 가볍게 섞어줍니다. 초콜릿을 넣고 섞습니다.

3. 반죽을 떠서 지름 2.5㎝의 공 모양으로 빚은 다음 터비나도 설탕에 살살 굴려 코팅합니다. 유산지를 깐 베이킹 시트에 6㎝ 간격을 두고 놓습니다.

4. 쿠키 표면이 살짝 갈라질 때까지 11~14분 동안 굽습

니다. 고르게 구워지도록 중간에 베이킹 시트를 앞뒤로 돌립니다. 베이킹 시트에서 5분 동안 식히고, 식힘망으로 옮겨 완전히 식힙니다(쿠키는 밀폐 용기에 담아 실온에서 1주일 동안 보관할 수 있습니다).

TIP

더치 프로세스 코코아는
산성을 중화시키는 가공을 한 것으로
일반 코코아보다 색이 진하며
맛이 부드럽습니다. 일반 코코아는
더 밝고 붉은 갈색을 띱니다.
두 가지 종류를 모두 갖추면 좋습니다.

Green Tea Cookies

녹차 쿠키

84개 분량

이 쿠키에는 두 가지 종류의 녹차가 들어갑니다. 하나는 일본 다례에서 볼 수 있는 녹차가루인 말차이고, 다른 하나는 곱게 빻은 찻잎입니다. 이 두 가지 녹차가 전해주는 은은한 향이 쇼트브레드에 담뿍 배어 있습니다. 말차는 비타민과 항산화제가 풍부한 슈퍼푸드로, 밀가루와 질감이 비슷해서 베이킹에 적절합니다. 쇼트브레드를 만들 때 넣으면 연한 초록빛으로 물들여줍니다.

무표백 중력분 2컵

곱게 간 녹차 잎 2큰술(티백 8개에서, 팁 참고)

말차 1큰술

소금 1작은술

무염버터 2스틱(1컵): 실온 상태

슈가파우더 ½컵과 2큰술: 체 친 것

---

1. 중간 크기 볼에 밀가루, 찻잎, 말차, 소금을 넣고 섞습니다. 다른 큰 볼에 버터와 설탕을 넣고 전동 믹서를 이용해서 중속으로 약 3분간 연한 미색이 되고 풍성해질 때까지 휘젓습니다. 믹서를 저속으로 낮추고 밀가루 혼합물을 조금씩 넣으면서 가볍게 섞어줍니다.

2. 반죽을 반으로 나누고 반 덩이씩 유산지 위에 놓습니다. 지름 3cm의 통나무 모양으로 빚고 유산지로 쌉니다(240쪽 슬라이스-앤-베이크 쿠키 참고). 냉동실에 넣어 1시간 동안 굳힙니다.

3. 오븐을 175℃로 예열합니다. 얼린 통나무 반죽을 꺼내 0.6cm 두께로 썹니다. 유산지를 깐 베이킹 시트에 2.5cm 간격으로 놓습니다. 쿠키 가장자리가 황금색을 띨 때까지 13~15분 동안 굽습니다. 고르게 구워지도록 중간에 베이킹 시트를 앞뒤로 돌립니다. 베이킹 시트를 식힘망으로 옮겨 식힙니다(쿠키는 밀폐 용기에 담아 실온에서 1주일 동안 보관할 수 있습니다).

TIP

찻잎은 향신료 그라인더나
막자사발로 갑니다.

Streusel Jammies

슈트로이젤 잼 쿠키

24개 분량

아몬드가루 반죽은 이 바삭한 잼 쿠키에서 두 가지 역할을 합니다. 먼저 반죽의 4분의 3을 떼어 둥근 모양을 빚는 데 쓰고, 나머지 반죽 4분의 1로 잼 주위에 뿌리는 슈트로이젤을 만듭니다. 이탈리아 만투아Mantua 지역의 특산물인 토르타 스브리솔로나 torta sbrisolona라는 깨진 타르트에서 영감을 얻은 것입니다.

껍질 벗긴 아몬드 1½컵

무표백 중력분 1¾컵

설탕 ¾컵

굵은소금 ½작은술

아몬드 익스트랙 ¼작은술

무염버터 1½스틱(¾컵): 실온 상태

각종 잼 ½컵: 살구, 크랜베리, 체리, 블루베리 등을 각각 저어서 부드럽게 만듦

---

1. 푸드프로세서에 아몬드를 넣고 곱게 갑니다. 오븐을 175℃로 예열합니다. 큰 볼에 아몬드, 밀가루, 설탕, 소금, 아몬드 익스트랙을 넣고 섞습니다. 페이스트리 블렌더나 포크 2개로 버터를 잘라 넣고 잘 섞습니다.

2. 유산지를 깐 베이킹 시트 2개에 지름 7.3㎝의 원형 쿠키 커터를 놓고 반죽 2큰술을 커터 안 바닥에 단단히 눌러 넣습니다. 커터를 조심히 들어 올리고 반죽을 유산지 위에 남깁니다. 24개를 만들어 베이킹 시트에 일정한 간격으로 놓습니다. 여러 가지 잼 1작은술을 둥근 반죽 가운데에 얹습니다. 남은 반죽 1큰술을 쿠키 가장자리에 뿌립니다.

3. 쿠키 가장자리가 황금 갈색을 띨 때까지 약 24분 동안 굽습니다. 고르게 구워지도록 중간에 베이킹 시트를 앞뒤로 돌립니다. 베이킹 시트에 있는 쿠키를 식힘망으로 옮겨 완전히 식힙니다(쿠키는 밀폐 용기에 담아 실온에서 2일 동안 보관할 수 있습니다).

TIP

퓨어 아몬드 익스트랙은 비터 아몬드 오일에서 추출한 것으로 베이킹에 자주 쓰는 재료입니다. 단, 소량으로도 효과가 크므로 신중하게 사용합니다.

Cookie Perfection

Key Lime Sablés

키 라임 사블레

80개 분량

사블레Sablé는 프랑스어로 '모래'를 의미하며 이 쇼트브레드의 정식 명칭입니다. 바삭하고 까슬까슬한 질감이 매력적입니다. 클래식 버터쿠키에 플로리다 키 라임의 껍질과 과즙을 넣어 상큼한 맛을 더했습니다. 키 라임은 흔히 볼 수 있는 페르시아 라임보다 크기가 더 작고 향이 더 진합니다.

무표백 중력분 1½컵 + 덧가루 조금

굵은소금 ½작은술

무염버터 1½스틱(¾컵): 실온 상태

슈가파우더 1컵: 체 친 것

키 라임제스트 2큰술: 곱게 간 것(약 15개)

신선한 키 라임즙 2큰술(약 5개)

고운 샌딩슈가: 장식용(선택)

1. 중간 크기 볼에 밀가루와 소금을 넣고 섞습니다. 다른 큰 볼에 버터와 슈가파우더를 넣고 전동 믹서를 이용해서 중속과 고속 사이로 약 3분간 연한 미색이 되고 풍성해질 때까지 휘젓습니다. 라임제스트와 라임즙을 넣고 저어줍니다. 믹서를 저속으로 낮추고 밀가루 혼합물을 조금씩 넣으면서 가볍게 섞어줍니다. 반죽을 빈으로 나누고 한 덩이씩 원반 모양으로 빚은 후 랩으로 쌉니다. 냉장실에 넣어 1시간 이상 또는 하룻밤 동안 차갑게 만듭니다.

2. 밀가루를 살짝 뿌린 유산지 사이에 반죽을 한 덩이씩 넣고 0.6㎝ 두께로 밀어 펍니다. 유산지를 깐 베이킹 시트에 반죽을 올립니다. 냉동실에 넣어 약 15분 동안 얼립니다.

3. 오븐을 160℃로 예열합니다. 지름 6㎝의 주름링으로 반죽을 잘라냅니다. 자투리 반죽을 뭉쳐 반복합니다. 날카로운 칼로 쿠키마다 6개의 금을 그어 무늬를 냅니다. 유산지를 깐 베이킹 시트에 2.5㎝ 간격으로 놓습니다. 냉동실에 넣어 약 15분간 얼립니다. 윗면에 샌딩슈가를 뿌려 장식합니다(선택).

4. 쿠키 밑면이 황금 갈색으로 변할 때까지 12~15분 동안 굽습니다. 고르게 구워지도록 중간에 베이킹 시트를 앞뒤로 돌립니다. 베이킹 시트를 식힘망으로 옮겨 살짝 식히고, 쿠키를 식힘망으로 옮겨 완전히 식힙니다(쿠키는 밀폐 용기에 담아 실온에서 3일 동안 보관할 수 있습니다).

TIP

이 레시피에 일반 라임을 사용해도 됩니다. 그럴 경우 과즙의 양은 같게 하고 제스트의 양은 2½큰술로 늘립니다.

Pink-Lemonade Thumbprints

핑크-레모네이드 엄지쿠키

24개 분량

엄지쿠키에는 제빵사가 엄지손가락으로 반죽 가운데를 움푹 누른 자국이 서명처럼 남아 있습니다(나무 숟가락 끝으로 눌러도 좋습니다). 버터 맛이 나고 잘 바스러지는 이 쇼트브레드에는 으깬 라즈베리를 넣은 핑크 레몬 글레이즈라는 또 다른 서명이 담겨 있습니다. 쿠키를 더욱 부드럽게 만들기 위해 백설탕 대신 슈가파우더를 사용했고, 글레이즈 역시 슈가파우더로 만들었습니다.

무표백 중력분 2½컵

슈가파우더 2컵: 체 친 것 + 덧가루 조금

굵은소금 1작은술

무염버터 2스틱(1컵): 실온 상태

곱게 간 레몬제스트 2큰술 + 신선한 레몬즙 ¼컵(레몬 2~3개에서 짠 것)

신선한 라즈베리 1개

---

1. 오븐을 160℃로 예열합니다. 커다란 볼에 밀가루, 설탕 ½컵, 소금을 넣고 섞습니다. 또 다른 큰 볼에 버터, 설탕 ¼컵, 레몬제스트, 레몬즙 2큰술을 넣고 전동 믹서를 이용해서 중속으로 약 3분간 연한 미색이 되고 풍성해질 때까지 휘젓습니다. 믹서를 저속으로 낮추고 밀가루 혼합물을 조금씩 넣으면서 가볍게 섞어줍니다.

2. 쿠키 스쿱이나 숟가락으로 반죽을 떠서 지름 2.5㎝의 공 모양으로 빚습니다. 유산지를 깐 베이킹 시트 여러 개에 6㎝ 간격으로 놓습니다. 냉동실에 넣어 약 10분간 굳힙니다.

3. 10분 동안 굽습니다. 베이킹 시트 한 판씩, 엄지 또는 나무 숟가락의 손잡이 끝으로 공 모양 반죽 가운데를 눌러 우물처럼 팝니다. 다시 오븐에 넣고 다른 베이킹 시트를 꺼내 똑같이 반복합니다. 쿠키의 밑면이 노릇노릇해질 때까지 16~18분 정도 더 굽습니다. 베이킹 시트를 식힘망으로 옮겨 완전히 식힙니다.

4. 작은 볼에 남은 설탕 1¼컵, 레몬즙 2큰술과 라즈베리

를 넣은 후 라즈베리를 으깨며 섞습니다. 고운 체로 슈가파우더를 체 쳐서 쿠키 위에 뿌립니다. 숟가락으로 글레이즈를 떠서 가운데 홈에 채우고 약 10분간 그대로 둡니다(쿠키는 밀폐 용기에 담아 실온에서 1주일 동안 보관할 수 있습니다).

Masala Chai Tea Cakes

마살라 차이 티 케이크

36개 분량

러시안 티 케이크가 원작인 이 케이크 덕분에 차(茶)가 음료를 넘어 음식이 되었습니다. 설탕을 덮어쓴 작은 스노볼과 인도산 고급 마살라 차이(홍차에 달고 향긋한 향신료를 넣은 것)가 오묘하게 잘 맞아떨어집니다. 여느 고급 마살라 차이를 준비할 때와 마찬가지로 향신료의 종류와 강도는 개인 취향대로 선택하면 됩니다.

무표백 중력분 2컵

아몬드 밀가루 1컵

다즐링 같은 최고급 홍차 잎 2큰술: 향신료 그라인더나 막자사발에 거칠게 간 상태

굵은소금 ¾작은술

후춧가루 ½작은술: 신선하게 간 것

계피가루 1작은술

생강가루 ¾작은술

카더멈가루 ½작은술

정향가루 조금

무염버터 2스틱(1컵): 실온 상태

슈가파우더 ½컵: 체 친 것 + 굴릴 용도 조금

바닐라 익스트랙 1작은술

---

1. 오븐을 160℃로 예열합니다. 중간 크기 볼에 두 종류의 밀가루, 찻잎, 소금, 후추, 계피, 생강, 카더멈, 정향을 넣고 섞습니다. 큰 볼에 버터와 설탕을 넣고 전동 믹서를 이용해서 중속과 고속 사이로 약 3분간 연한 미색이 되고 풍성해질 때까지 휘젓습니다. 바닐라를 넣고 고루 저어줍니다. 믹서를 저속으로 낮추고 밀가루 혼합물을 조금씩 넣으면서 반죽이 형성될 때까지 가볍게 섞어줍니다(팁 참고).

2. 숟가락으로 반죽을 떠서 공 모양으로 빚습니다. 유산지를 깐 베이킹 시트에 2.5㎝ 간격으로 놓습니다.

3. 쿠키가 단단해지고 밑면이 노릇노릇하게 구워질 때까지 15~18분 동안 굽습니다. 고르게 구워지도록 중간

에 베이킹 시트를 앞뒤로 돌립니다. 베이킹 시트에서 5분간 식힙니다.

4. 작은 볼에 슈가파우더를 담고 쿠키를 굴립니다. 식힘 망으로 옮겨 완전히 식힙니다. 먹기 전이나 보관하기 전에 슈가파우더를 넉넉히 뿌립니다(쿠키는 밀폐 용기에 담아 실온에서 2주일 동안 보관할 수 있습니다).

TIP

반죽을 미리 만들어 3일 동안 냉장 보관하거나 1개월 동안 냉동 보관할 수 있습니다.

비스코티

이 이탈리안 쿠키는 버터나 오일이 들어가지 않고 완벽한 바삭함을 위해 두 번 구워냈습니다. 비스코티라는 팔레트에 여러 맛과 질감이 층층이 담겨 있는 듯 보입니다. 럼, 초콜릿, 건포도, 대추의 풍성한 맛에 감귤류의 상큼함이나 칠리의 매콤함을 가미하였습니다. 또한 견과류의 바삭함과 적절하게 균형을 맞춰 개성이 각기 다른 세 가지 비스코티를 만들었습니다. 비스코티의 원조는 이탈리아지만 여러 문화권에서 다양한 비스코티를 개발하고 있습니다.

Rum Raisin Biscotti
럼 건포도 비스코티

40개 분량

건포도 1컵

다크 럼 ⅓컵

무표백 중력분 3컵

백설탕 1컵

베이킹파우더 2작은술

굵은소금 ½작은술

달걀 큰 것 3개: 가볍게 풀어놓은 상태

바닐라 익스트랙 1큰술

오렌지제스트 2작은술: 곱게 간 것

화이트 초콜릿 212g: 녹인 것(248쪽 참고)

샌딩슈가: 덧뿌리는 용도

---

1. 오븐을 175℃로 예열합니다. 건포도와 럼을 섞습니다. 전자레인지에 2분간 돌린 후 식힙니다.

2. 큰 볼에 밀가루, 설탕, 베이킹파우더, 소금을 넣고 섞습니다. 달걀과 바닐라를 넣고 전동 믹서를 이용해서 중속으로 휘젓습니다. 건포도-럼 혼합물과 오렌지제스트를 넣고 섞습니다.

3. 반죽을 반으로 나눠 유산지를 깐 베이킹 시트로 옮깁니다. 반죽 반 덩이를 각각 폭 7.3㎝, 높이 1.9㎝의 통나무 모양으로 빚습니다. 단단하면서도 눌러보아 살짝 들어갈 정도가 될 때까지 20~25분간 굽습니다. 고르게 구워지도록 중간에 베이킹 시트를 앞뒤로 돌립니다. 베이킹 시트를 식힘망으로 옮겨 20분 동안 식힙니다.

4. 빵칼로 통나무 반죽을 0.6㎝ 두께의 사선으로 자릅니다. 유산지를 깐 베이킹 시트에 납작하게 눕혀 배열합니다. 비스코티가 바삭하고 황금빛을 띨 때까지 15분 동안 굽습니다. 고르게 구워지도록 중간에 베이킹 시트를 앞뒤로 돌리고 비스코티를 뒤집어줍니다. 베이킹 시트를 식힘망으로 옮겨 식힙니다.

5. 비스코티의 끝을 녹인 초콜릿에 담갔다 뺍니다. 유산지를 깐 베이킹 시트로 옮기고 10분 정도 그대로 두었다가 샌딩슈가를 뿌립니다. 냉장실에 넣어 10분간 굳힙니다(밀폐 용기에 담아 실온에서 2일 또는 냉동실에서 3개월 동안 보관할 수 있습니다).

Mexican Chocolate Biscotti

멕시칸 초콜릿 비스코티

40개 분량

무표백 중력분 1½컵

무가당 더치 프로세스 코코아가루 ¾컵

카옌페퍼 조금 + 덧뿌리는 용도 조금(선택)

계피가루 1작은술

설탕 1컵

베이킹파우더 2작은술

굵은소금 ½작은술

달걀 큰 것 3개: 살짝 풀어놓은 상태

바닐라 익스트랙 1큰술

비터스위트 초콜릿 85g: 굵게 썬 것

밀크 초콜릿 212g: 녹인 것(248쪽 참고)

---

1. 오븐을 175℃로 예열합니다. 큰 볼에 밀가루, 코코아 가루, 카옌페퍼, 계피, 설탕, 베이킹파우더, 소금을 넣고 섞습니다. 달걀과 바닐라를 넣고 전동 믹서를 이용해서 중속으로 휘젓습니다. 굵게 썬 초콜릿을 넣고 섞습니다.

2. 반죽을 반으로 나눠 유산지를 깐 베이킹 시트로 옮깁니다. 반죽 반 덩이를 각각 폭 7.3㎝, 높이 1.9㎝의 통나무 모양으로 빚습니다. 단단하면서도 눌러보아 살짝 들어갈 정도가 될 때까지 20~25분간 굽습니다. 고르게 구워지도록 중간에 베이킹 시트를 앞뒤로 돌립니다. 베이킹 시트를 식힘망으로 옮겨 20분 동안 식힙니다.

3. 빵칼로 통나무 반죽을 0.6㎝ 두께의 사선으로 자릅니다. 유산지를 깐 베이킹 시트에 납작하게 눕혀 배열합니다. 비스코티가 바삭하고 황금빛을 띨 때까지 약 15분 동안 굽습니다. 고르게 구워지도록 중간에 베이킹

시트를 앞뒤로 돌리고 비스코티를 뒤집어줍니다. 베이킹 시트를 식힘망으로 옮겨 식힙니다.

4. 비스코티의 끝을 녹인 초콜릿에 담갔다 뺍니다. 유산지를 깐 베이킹 시트로 옮기고 10분 정도 그대로 둡니다. 선택 사항으로 카옌페퍼를 뿌릴 수 있습니다. 냉장실에 넣어 10분간 굳힙니다(밀폐 용기에 담아 실온에서 2일 또는 냉동실에서 3개월 동안 보관할 수 있습니다).

Brown-Sugar and Date Biscotti

황설탕과 대추야자 비스코티

40개 분량

무표백 중력분 3컵

눌러 담은 흑설탕 ¾컵

베이킹파우더 2작은술

굵은소금 ½작은술

달걀 큰 것 3개: 살짝 풀어놓은 것

바닐라 익스트랙 1큰술

대추 ¾컵: 씨를 빼고 다진 것

피칸 ¾컵: 다져서 구운 것(248쪽 참고)

다크 초콜릿 212g: 녹인 것(248쪽 참고)

피스타치오: 다진 것

---

1. 오븐을 175℃로 예열합니다. 큰 볼에 밀가루, 설탕, 베이킹파우더, 소금을 넣고 섞습니다. 달걀과 바닐라를 넣고 전동 믹서를 이용해서 중속으로 휘젓습니다. 대추와 피칸을 넣고 섞습니다.

2. 반죽을 반으로 나눠 유산지를 깐 베이킹 시트로 옮깁니다. 반죽 반 덩이를 각각 폭 7.3㎝, 높이 1.9㎝의 통나무 모양으로 빚습니다. 단단하면서도 눌러보아 살짝 들어갈 정도가 될 때까지 20~25분간 굽습니다. 고르게 구워지도록 중간에 베이킹 시트를 앞뒤로 돌립니다. 베이킹 시트를 식힘망으로 옮겨 20분 동안 식힙니다.

3. 빵칼로 통나무 반죽을 0.6㎝ 두께의 사선으로 자릅니다. 유산지를 깐 베이킹 시트에 납작하게 눕혀 배열합니다. 비스코티가 바삭해질 때까지 약 15분 동안 굽습니다. 고르게 구워지도록 중간에 베이킹 시트를 앞뒤로 돌리고 비스코티를 뒤집어줍니다. 베이킹 시트를 식힘망으로 옮겨 식힙니다.

4. 비스코티의 끝을 녹인 초콜릿에 담갔다 뺍니다. 유산지를 깐 베이킹 시트로 옮기고 10분 정도 그대로 두었다가 다진 피스타치오를 뿌립니다. 냉장실에 넣어 10분간 굳힙니다(밀폐 용기에 담아 실온에서 2일 또는 냉동실에서 3개월 동안 보관할 수 있습니다).

비스코티 팁

- 습한 날에는 비스코티가 더 많이 퍼지고 눅눅해지므로 굽지 않는 게 좋습니다. 다른 쿠키들도 마찬가지입니다. 만약 꼭 구워야 한다면, 오븐에 굽기 전에 반죽을 냉장실에 약 20분 동안 넣어둡니다.

- 반죽이 끈적거릴 수 있으므로, 손에 밀가루를 살짝 묻히거나 쿠킹 스프레이를 뿌리고 빚습니다. 그리고 통나무 모양을 가능하면 일정한 크기로 빚어야 균일하게 구울 수 있습니다.

- 비스코티를 쉽게 자르려면 10분 이상 식힌 후 빵칼로 자릅니다. 그렇다고 너무 오랫동안(20분 이상) 식히지 마세요. 더 바스라질 수 있습니다.

- 식힘망을 2개 가지고 있다면, 베이킹 시트 위에 식힘망을 얹고 그 위에 자른 비스코티를 놓고 구워서 공기가 순환할 수 있게 해주세요. 이렇게 하면 쿠키의 윗면과 밑면이 골고루 바삭바삭해집니다.

- 비스코티는 미리 만들어놓기에 (그리고 선물하기에) 이상적입니다. 밀폐 용기에 담으면 어떤 종류의 비스코티라도 1주일 이상 (최대 1개월까지) 보관 가능하며 택배 발송을 해도 괜찮습니다.

- 보관하기 전에 비스코티 조각을 완전히 식힙니다. 만약 식히지 않고 밀폐 용기에 담아서 눅눅해졌다면, 150℃ 오븐에 10~15분 동안 넣어두세요. 다시 바삭바삭해집니다.

3

조립식 쿠키

쿠키를 쌓는 방법은 윗면에 뭔가를 바르는 것(예: 마시멜로나 스모어 같은 초콜릿)과
2개의 쿠키를 필링으로 붙이는 것입니다.
그러면 이것도 엄연한 샌드위치랍니다.

Brazilian Wedding Cookies

브라질 웨딩 쿠키

15개 분량

카사딘호스casadinhos는 과일을 끼워 넣은 한입 크기의 쿠키입니다. 부부의 고결한 사랑을 상징하기 때문에 브라질 결혼식에서 먹는 전통이 있습니다. 쿠키 사이에는 일반적으로 둘세 데 레체Dulce de Leche(우유와 설탕을 오랫동안 가열하여 캐러멜 상태로 만든 디저트-역주)를 넣거나 사진 속 하트 쿠키처럼 구아바를 넣습니다.

쿠키

무표백 중력분 1¼컵 + 덧가루 조금

옥수수전분 ¾컵

굵은소금 ½작은술

무염버터 1스틱(½컵)

슈가파우더 ¾컵

달걀 큰 것 1개: 실온 상태

바닐라 익스트랙 2작은술

레몬제스트 1작은술: 곱게 간 것

필링

구아바 페이스트 340g: 잘게 자른 것

슈가파우더 ½컵: 체 친 것

분홍 가루 색소 ¼작은술

---

1. **쿠키 만들기**: 중간 크기 볼에 밀가루, 옥수수전분, 소금을 넣고 섞습니다. 다른 큰 볼에 버터와 슈가파우더 1컵을 넣고 전동 믹서를 이용해서 중속으로 약 2분간 연한 미색이 되고 풍성해질 때까지 휘젓습니다. 달걀, 바닐라, 레몬제스트를 넣고 고루 저어줍니다. 믹서를 저속으로 낮추고 밀가루 혼합물을 조금씩 넣으면서 가볍게 섞어줍니다. 반죽을 반으로 나눠 한 덩이씩 원반 모양으로 빚습니다. 각각 랩으로 싼 다음 냉장실에 넣어 1시간가량 굳힙니다.

2. 오븐을 175℃로 예열합니다. 밀가루를 살짝 뿌린 조리대 위에 반죽을 한 덩이씩 올리고 0.3㎝ 두께로 밀어 폅니다. 4.4㎝ 크기의 하트 모양 쿠키 커터로 반죽을 잘라냅니다. 유산지를 깐 베이킹 시트에 2.5㎝ 간격으로 놓습니다. 냉장실에서 20분간 휴지시킵니다.

3. 쿠키의 가장자리가 황금색으로 변하기 시작하고 윗면은 그대로인 상태까지 12~14분간 굽습니다. 고르게 구워지도록 중간에 베이킹 시트를 앞뒤로 돌립니다. 5분간 식힌 후, 쿠키를 식힘망으로 옮겨 완전히 식힙니다.

4. **필링 만들기**: 작은 냄비를 중불에 올리고 구아바 페이스트에 물 ⅓컵을 붓습니다. 페이스트가 완전히 녹고 혼합물이 부드러워질 때까지 가끔씩 저으며 끓입니다. 불을 끄고 완전히 식힙니다.

5. 짤주머니에 지름 0.6㎝의 원형 깍지를 끼우고 필링을 넣습니다. 절반의 쿠키에 필링 1큰술을 짠 후 나머지 절반의 쿠키로 필링을 덮어 샌드위치처럼 만듭니다. 작은 볼에 슈가파우더와 색소를 섞은 후 쿠키 위에 체 칩니다(필링을 채우지 않은 쿠키는 밀폐 용기에 담아 실온에서 3일 동안 보관 가능합니다. 필링은 뚜껑을 덮어 냉장실에서 3일 동안 보관 가능합니다).

티라미수 쿠키

30개 분량

티라미수Tira me sù는 베네치아 방언으로 '날 선택해줘'라는 뜻입니다. 마치 이 작은 쿠키들이 우리에게 하는 말처럼 느껴집니다. 마스카르포네 치즈가 통통하게 들어간 새로운 디저트를 만나보세요. 리큐르 향이 깃든 진한 크림 필링을 에스프레소 쿠키와 코코아 쿠키 사이에 넣고 붓으로 녹인 초콜릿을 발랐습니다.

달걀 큰 것 5개: 흰자와 노른자 분리함

백설탕 1컵

인스턴트 에스프레소가루 3큰술

박력분 ½컵: 셀프라이징 밀가루(베이킹파우더 등이 들어 있어 효모 없이 저절로 부푸는 밀가루-역주) 아닌 것으로

굵은소금 ¼작은술

무가당 더치 프로세스 코코아가루: 덧가루용

마스카르포네 치즈 ¾컵

슈가파우더 ¾컵: 체 친 것

아몬드 리큐르 3큰술: 아마레토 등

바닐라 익스트랙 ½작은술

세미스위트 초콜릿 170g: 녹인 것(248쪽 참고)

---

1. 오븐을 175℃로 예열합니다. 큰 볼에 달걀노른자와 백설탕 ½컵을 넣고 전동 믹서를 이용해서 중속으로 약 3분간 연한 미색이 되고 단단해질 때까지 휘젓습니다. 에스프레소가루를 넣고 2분간 저어줍니다. 밀가루를 넣고 가볍게 섞습니다(매우 뻑뻑하게 될 거예요).

2. 전동 믹서에 깨끗하고 마른 거품기를 끼웁니다. 또 다른 큰 볼에 달걀흰자와 소금을 넣고 믹서를 이용해서 중속으로 거품을 냅니다. 믹서를 계속 돌리면서 남은 백설탕 ½컵을 천천히 붓습니다. 약 5분 동안 거품 끝이 뾰족하게 설 때까지 휘젓습니다. 이를 세 번에 나눠 노른자 혼합물에 넣고 가볍게 섞습니다.

3. 짤주머니에 지름 1.3㎝의 원형 깍지(예: 아테코Ateco #806)를 끼우고 반죽을 넣습니다. 유산지를 깐 베이킹 시트 위에 반죽의 크기는 길이 6cm, 폭 2.5cm, 반죽의 간격은 2.5cm로 60개를 짭니다. 코코아가루를 고운 체에 걸러 뿌립니다.

4. 쿠키가 단단해질 때까지 14~16분 동안 굽습니다. 고르게 구워지도록 중간에 베이킹 시트를 앞뒤로 돌립니다. 유산지 위에 있는 쿠키를 식힘망으로 옮겨 완전히 식힙니다(쿠키는 밀폐 용기에 담아 실온에서 3일 동안 보관할 수 있습니다).

5. 마스카르포네, 슈가파우더, 리큐르, 바닐라를 넣고 골고루 섞습니다. 뚜껑을 덮고 냉장실에 15분 이상 넣어둡니다. 3일 동안 보관 가능합니다.

6. 쿠키를 내기 전에 붓으로 녹인 초콜릿을 바릅니다. 초콜릿 바른 면을 위로 놓고 냉장실에 약 10분 동안 넣어둡니다. 초콜릿이 굳었는지 확인합니다.

7. 초콜릿을 바른 쪽에 마스카르포네 필링 ½작은술을 넉넉하게 펴 바릅니다. 나머지 절반의 쿠키를 얹어 샌드위치처럼 만듭니다. 바로 차려내어 먹습니다(만든 당일에 먹는 것이 가장 맛있습니다).

Pistachio and Apricot Rugelach

피스타치오 살구 루겔라흐

48개 분량

말린 살구에 바닐라를 조금 넣어 뭉근히 끓이면 타르트나 과자에 잘 어울리는 필링이 됩니다(살구잼을 써봤는데 원하는 맛이 아니었어요). 크림치즈 반죽을 둥글게 밀고 살구 필링을 듬뿍 바릅니다. 피자 자르듯이 자른 후 초승달 모양으로 말아서 굽습니다. 반죽과 필링을 이틀 전에 미리 만들어 냉장 보관해두면 더 간편하게 만들 수 있습니다(원반 모양 반죽은 랩으로 싸고 필링은 밀폐 용기에 담아둡니다).

반죽

무염버터 2스틱(1컵): 실온 상태

크림치즈 226g: 실온 상태

백설탕 ¼컵

굵은소금 ¼작은술

무표백 중력분 2컵 + 덧가루 조금

필링

말린 살구 2컵

백설탕 ⅔컵

바닐라 익스트랙 1작은술

굵은소금 조금

껍질 벗긴 피스타치오 1컵: 시칠리아산 선호

달걀 큰 것 1개: 살짝 풀어 놓은 것

샌딩슈가: 스프링클용

---

1. **반죽 만들기:** 큰 볼에 버터, 크림치즈, 백설탕을 넣고 전동 믹서를 이용해서 중속과 고속 사이로 약 3분간 풍성해질 때까지 휘젓습니다. 믹서를 저속으로 낮추고 밀가루를 넣으면서 가볍게 섞어줍니다. 반죽을 3등분으로 나누고 각각 원반 모양으로 빚습니다. 한 덩이씩 랩으로 싼 다음 냉장실에 넣어 1시간 이상 굳힙니다. 2일 동안 냉장 보관 가능합니다.

2. **필링 만들기:** 냄비에 살구, 물 1⅓컵, 백설탕, 바닐라, 소금을 넣고 끓입니다. 약한 불로 줄여 살구가 말랑해지고 액체가 거의 졸아들 때까지 12~14분간 끓입니다. 푸드프로세서에 넣어 부드러워질 때까지 짧게 끊으며 갈아줍니다. 완전히 식힙니다(2컵 분량의 필링이 나와야 합니다. 모자라면 물을 타서 살짝 묽게 만듭니다).

3. 피스타치오를 푸드프로세서에 넣고 곱게 갑니다. 밀가루를 살짝 뿌린 조리대 위에 원반 반죽 하나를 올려 지름 25cm, 두께 0.3cm로 밉니다. 살구 필링 ⅔컵을 골고루 바릅니다. 갈아놓은 피스타치오 ¼컵을 뿌립니다. 피자휠로 반죽을 4등분으로 나눕니다. 각각의 ¼ 조각을 반으로 자르고 다시 반으로 잘라서 16조각으로 만듭니다. 가장자리부터 안쪽으로 돌돌 말고 양쪽 끝을 조금 구부려 초승달처럼 만듭니다. 유산지를 깐 베이킹 시트에 2.5cm 간격으로 놓습니다. 붓으로 달걀물을 바르고 샌딩슈가와 갈아놓은 피스타치오 1큰술을 뿌립니다. 나머지 반죽으로도 똑같이 반복합니다. 약 30분간 냉장실에 넣어 굳힙니다.

4. 오븐을 160℃로 예열합니다. 루겔라흐가 황금 갈색이 될 때까지 35~40분 동안 굽습니다. 고르게 구워지도록 중간에 베이킹 시트를 앞뒤로 돌립니다. 베이킹 시트를 식힘망으로 옮겨 완전히 식힙니다(루겔라흐는 밀폐 용기에 담아 실온에서 3일 동안 보관할 수 있습니다).

Raspberry-Jam Ice Diamonds

라즈베리-잼 아이스 다이아몬드

80개 분량

입 안에서 살살 녹아내리는 다이아몬드 과자는 겨울철 격자 유리창에 서린 얼음 결정체에서 영감을 얻었습니다. 여러 조각을 별이나 눈송이 형태로 배열하면 예쁜 모양이 됩니다. 크림치즈 맛이 직접 느껴지지는 않지만 크림치즈를 넣어 버터 질감처럼 부드럽습니다.

무염버터 4스틱(2컵): 실온 상태

크림치즈 226g: 실온 상태

굵은소금 ½작은술

슈가파우더 1컵: 체 친 것 + 덧가루 조금

무표백 중력분 4컵

바닐라 익스트랙 1작은술

라즈베리 프리저브 1컵

1. 큰 볼에 버터, 크림치즈, 소금, 설탕 ¼컵을 넣고 전동 믹서를 이용해서 중속과 고속 사이로 약 3분간 연한 미색이 되고 풍성해질 때까지 휘젓습니다. 믹서를 저속으로 낮추고 밀가루를 한 번에 1컵씩 넣으며 가볍게 섞습니다. 바닐라를 넣고 젓습니다.

2. 반죽을 반으로 나누고 각각의 반죽 덩이를 납작한 직사각형으로 빚은 후 랩으로 쌉니다. 냉장실에 약 45분 동안 넣어둡니다. 단단하지만 완전히 굳지 않은 말랑한 상태가 적당합니다(반죽은 2일 동안 냉장 보관이 가능합니다).

3. 유산지에 설탕 3큰술을 뿌립니다. 직사각형 반죽 한 덩이를 올리고 설탕 3큰술을 뿌립니다. 0.6cm 이하의 두께로 얇게 밀고, 테두리를 잘라 가로 30cm, 세로 40cm의 직사각형을 만듭니다. 유산지를 깐 베이킹 시트로 옮기고 냉동실에 넣어 약 30분 동안 굳힙니다. 다른 직사각형 반죽으로도 똑같이 반복합니다.

4. 오븐을 175℃로 예열합니다. 반죽 한 덩이를 유산지를 깐 조리대 위에 올립니다. 오프셋 스패출러로 라즈

베리 프리저브를 떠서 고루 펴 바릅니다. 다른 반죽을 뒤집어 그 위에 올린 후 유산지를 떼어냅니다. 조금 녹여 단단하지만 잘릴 정도로 말랑한 상태를 만듭니다. 가장자리를 잘라 정리한 후 자를 대고 길게 잘라 띠를 만듭니다. 띠의 폭은 자의 너비에 맞춥니다. 이 띠들을 다시 자의 너비만큼 대각선으로 잘라 다이아몬드 모양을 만듭니다.

5. 다이아몬드 조각들을 약 10분 동안 냉동실에 넣어 굳힙니다. 베이킹 시트에 유산지를 새로 깔고 2.5cm 간격으로 놓습니다. 다시 냉동실에 넣어 10분간 굳힙니다. 쿠키가 황금색이 될 때까지 20~23분 동안 굽습니다. 고르게 구워지도록 중간에 베이킹 시트를 앞뒤로 돌립니다. 베이킹 시트에서 5분 동안 식힌 후 슈가파우더를 뿌립니다. 완전히 식힌 다음 유산지에서 스패출러로 떠내는데, 프리저브 때문에 끈적일 수 있습니다(쿠키는 밀폐 용기에 담아 실온에서 3일 동안 보관할 수 있습니다).

Chocolate Hazelnut-Crusted Sandwich Cookies

헤이즐넛으로 둘러싼 초콜릿 샌드위치 쿠키

36개 분량

서로 궁합이 잘 맞는 초콜릿과 헤이즐넛이 조화를 이룬 쿠키입니다. 바삭한 초콜릿 웨이퍼로 폭신한 필링을 감싼 다음 구운 헤이즐넛에 굴려 고소하게 마무리했습니다.

쿠키

박력분 1¼컵: 셀프라이징 밀가루 아닌 것으로

무가당 더치 프로세스 코코아가루 ¾컵

베이킹파우더 ½작은술

굵은소금 ¼작은술

무염버터 5큰술: 녹였다 식힌 것

달걀 큰 것 1개

눌러 담은 황설탕 ¾컵

필링

무염버터 3스틱(1½컵): 실온 상태

슈가파우더 3컵: 체 친 것

바닐라 익스트랙 ¾작은술

굵은소금 ¼작은술

비터스위트 초콜릿 170g: 녹였다가(248쪽 참고) 식힌 것

헤이즐넛 1컵: 껍질 벗겨 구운 것(248쪽 참고), 아주 잘게 다짐

---

1. **쿠키 만들기:** 중간 크기 볼에 밀가루, 코코아가루, 베이킹파우더, 소금을 넣고 섞습니다. 다른 큰 볼에 버터와 달걀을 넣고 휘젓습니다. 황설탕을 넣어 섞어줍니다. 밀가루 혼합물을 조금씩 넣으면서 스패출러로 가볍게 젓습니다. 랩으로 쌉니다.

2. 반죽을 3등분으로 나눕니다. 3등분한 반죽을 논스틱 베이킹 매트 위에 놓고, 랩을 덮어 0.15㎝ 두께로 밀어 폅니다. 베이킹 시트 위에 쌓아서 약 30분 동안 냉장실에 넣어 굳힙니다.

3. 오븐을 175℃로 예열합니다. 지름 6㎝의 쿠키 커터로 반죽을 동그랗게 자르고 유산지를 깐 베이킹 시트로 옮깁니다. 자투리 반죽을 뭉쳐 한 번 더 밀어 총 72개의 쿠키 반죽을 잘라냅니다(도중에 반죽이 질어지면 냉동실에 잠깐 넣어 다시 굳히세요). 쿠키가 단단해지고

향이 퍼질 때까지 9~10분 동안 굽습니다. 고르게 구워지도록 중간에 베이킹 시트를 앞뒤로 돌립니다. 베이킹 시트를 식힘망으로 옮겨 식힙니다.

4. **필링 만들기:** 큰 볼에 버터, 슈가파우더, 바닐라, 소금을 넣고 전동 믹서를 이용해서 저속으로 젓습니다. 그릇 옆면을 가끔 훑어 내려주고 점점 고속으로 높여 약 2분 동안 젓습니다. 녹인 초콜릿을 넣고 섞습니다.

5. 절반의 쿠키에 필링 2큰술을 퍼 바르고, 나머지 절반의 쿠키를 샌드위치처럼 덮어 누릅니다. 쿠키의 테두리를 잘게 다진 헤이즐넛에 굴려 붙입니다. 하룻밤 차갑게 냉장 보관한 후 먹습니다(밀폐 용기에 담아 냉장실에서 2일 동안 보관할 수 있습니다).

S'mores Cookies

스모어 쿠키

24개 분량

초콜릿과 쫀득한 마시멜로를 넣은 스모어를 캠프파이어 앞에서만 즐길 수 있는 것은 아닙니다. 그래함 크래커 대신 오트밀 쿠키로, 캠프파이어 대신 브로일러(broiler, 열원이 위에 있는 오븐-역주)로 만들어보세요. 마시멜로를 캠프파이어에서 구운 것처럼 더 노릇하게 굽고 싶다면 열판 아래에 조금만 더 오래 두면 됩니다.

납작귀리 ½컵

무표백 중력분 1컵

통밀가루 1컵

계피가루 ¾작은술

베이킹소다 ½작은술

굵은소금 ½작은술

무염버터 2스틱(1컵): 실온에서 녹인 상태

눌러 담은 황설탕 ¾컵

달걀 큰 것 1개: 실온 상태

비터스위트 또는 세미스위트 초콜릿 226g: 30여 개의 정사각형으로 작게 자름

마시멜로 큰 것 15개: 가로로 반 나눔

1. 오븐을 175℃로 예열합니다. 푸드프로세서에 귀리를 넣고 펄스 기능으로 잘게 부숩니다. 밀가루, 계피, 베이킹소다, 소금을 넣고 다시 펄스 기능으로 섞어줍니다.

2. 큰 볼에 버터와 설탕을 넣고 전동 믹서를 이용해서 중속으로 약 3분간 연한 미색이 되고 풍성해질 때까지 휘젓습니다. 달걀을 넣고 볼 옆면을 훑어 내려가며 고루 저어줍니다. 믹서를 저속으로 낮추고 밀가루 혼합물을 넣으면서 가볍게 섞어줍니다.

3. 쿠키 스쿱이나 숟가락으로 반죽을 떠서 유산지를 깐 베이킹 시트에 2.5㎝ 간격으로 놓습니다. 반죽 하나에 사각 초콜릿을 1개씩 올립니다. 쿠키가 연한 갈색이 될 때까지 11~13분 동안 굽습니다. 고르게 구워지도록 중간에 베이킹 시트를 앞뒤로 돌립니다. 베이킹

시트를 오븐에서 꺼내고 브로일러를 예열합니다. 쿠키 하나에 마시멜로 반쪽을 올립니다. 한 번에 한 판씩 마시멜로가 노릇노릇하게 구워질 때까지 1분~1분 30초간 굽습니다. 쿠키를 식힘망으로 옮겨 식힙니다(구운 당일에 먹는 것이 가장 맛있습니다).

TIP

더 생생한 질감과 고소한 단맛을 느끼려면 일반 통밀가루 대신 그래함 밀가루를 써보세요. 그래함 밀가루는 그래함 크래커를 만드는 재료인데 돌에 거칠게 갈아 입자가 아주 굵은 통밀가루입니다.

Chocolate Malt Sandwich Cookies

초콜릿 몰트 샌드위치 쿠키

54개 분량

초콜릿과 초콜릿이 만나 달콤함의 진정한 끝을 보여줍니다. 오후에 마시는 커피 한 잔 또는 에스프레소에 곁들이기 딱 좋은 쿠키입니다. 맥아 맛이 스치는 얇은 쿠키 사이에 짭짤하면서 버터 맛이 진한 부드러운 가나슈 필링을 넣습니다. 가나슈는 크림을 살짝 끓여서 초콜릿 위에 붓고 소금을 넣어 만듭니다.

쿠키

중력분 2컵과 2큰술

무가당 천연 코코아가루 ½컵

맥아분유 ¼컵

베이킹소다 1작은술

굵은소금 ½작은술

무염버터 2스틱(1컵): 실온 상태

설탕 1¾컵

달걀 큰 것 1개

바닐라 익스트랙 2작은술

생크림 ¼컵

뜨거운 물 3큰술

필링

밀크 초콜릿 567g: 굵게 썬 것

헤비크림 1¼컵

굵은소금 1¼작은술

1. **쿠키 만들기:** 오븐을 175℃로 예열합니다. 중간 크기 볼에 밀가루, 코코아가루, 맥아분유, 베이킹소다, 소금을 넣고 섞습니다.

2. 중간 크기 볼에 버터와 설탕을 넣고 전동 믹서를 이용해서 중속으로 약 4분간 연한 미색이 되고 풍성해질 때까지 휘젓습니다. 달걀과 바닐라를 넣고 고루 저어줍니다. 생크림과 뜨거운 물을 넣습니다. 믹서를 저속으로 낮추고 밀가루 혼합물을 조금씩 넣으면서 가볍게 섞어줍니다.

3. 14g짜리 쿠키 스쿱으로 반죽을 떠서 유산지를 깐 베이킹 시트에 6㎝ 간격으로 놓습니다(또는 숟가락으로 떠서 공 모양으로 살살 빚습니다). 쿠키가 납작해지고 윗면이 굳기 시작할 때까지 10~12분 동안 굽습니다. 고르게 구워지도록 중간에 베이킹 시트를 앞뒤로 돌립니다. 식힘망으로 옮겨 완전히 식힙니다.

4. **필링 만들기:** 중간 크기 볼에 초콜릿을 담습니다. 작은 냄비에 크림을 넣고 센 불에 가까운 중불에서 중탕합니다. 초콜릿 위에 붓고 소금을 넣습니다. 10분간 가만히 둡니다(젓지 마세요. 가나슈가 너무 빨리 식어 표면이 울퉁불퉁해집니다). 가나슈가 부드럽고 윤기가 흐를 때까지 거품기로 그릇 옆면을 훑어 내려가며 젓습니다.

5. **조립하기:** 필링 1큰술을 오프셋 스패출러로 떠서 쿠키 윗면에 펴 바릅니다. 다른 쿠키로 윗면을 눌러 덮어 샌드위치를 만듭니다. 나머지 쿠키로도 똑같이 반복합니다(쿠키는 밀폐 용기에 넣어 냉장실에서 2일 동안 보관할 수 있습니다).

Lime Sandwich Cookies

라임 샌드위치 쿠키

30개 분량

브라질 리모나다(라임과 연유로 만든 청량음료)가 스며 있는 두 입 크기의 쿠키입니다. 2개의 설탕 쿠키 사이에 새콤한 라임 필링을 빙글 돌리며 발라주세요. 일부 반죽은 물방울 모양 아스픽 커터로 잘라내어 귤의 단면처럼 만들고, 또 다른 일부 반죽에는 슈가파우더를 체 쳐서 배열하면 사진에 예쁘게 나옵니다.

무표백 중력분 3컵 + 덧가루 조금

베이킹파우더 ¼작은술

굵은소금

무염버터 2스틱(1컵)과 6큰술: 실온 상태

슈가파우더 1¾컵: 체 친 것

달걀 큰 것 1개: 실온 상태

바닐라 익스트랙 1작은술

가당연유 340g(1컵)

라임제스트 1작은술과 신선한 라임즙 6큰술 (라임 6~8개)

크림치즈 85g: 실온 상태

---

1. 큰 볼에 밀가루, 베이킹파우더, 소금 1작은술을 넣고 섞습니다. 또 다른 볼에 버터 2스틱과 설탕을 넣고 전동 믹서를 이용해서 고속으로 약 4분간 연한 미색이 되고 풍성해질 때까지 휘젓습니다. 달걀, 바닐라, 물 1큰술을 넣고 고루 저어줍니다. 믹서를 저속으로 낮추고 밀가루 혼합물을 넣으면서 가볍게 섞어줍니다. 반죽을 반으로 나눠 원반 모양으로 빚습니다. 랩으로 싼 다음 냉동실에 넣어 30분 동안 굳힙니다.

2. 오븐을 160℃로 예열합니다. 냉동실에서 원반 반죽 한 덩이를 꺼내 실온에 15분 동안 둡니다. 밀가루를 살짝 뿌린 조리대 위에 반죽을 올리고 0.3㎝ 두께로 밉니다. 지름 7.3㎝의 쿠키 커터로 동그라미를 찍어냅니다. 동그란 반죽을 유산지를 깐 베이킹 시트에 2.5㎝ 간격으로 놓습니다. 자투리 반죽을 뭉쳐 동그라미를 더 찍어냅니다. 다른 한 덩이의 원반 반죽으로도 똑같이 반복하여 60개의 동그라미를 찍어냅니다. 이 반죽의 절반은 1.9㎝ 길이의 물방울 모양 아스픽 커터로 찍어 도려냅니다. 30분 동안 냉장실에서 휴지시킵니다. 쿠키의 가장자리가 황금색이 될 때까지 20분 동

안 굽습니다. 고르게 구워지도록 중간에 베이킹 시트를 앞뒤로 돌립니다. 베이킹 시트를 식힘망으로 옮겨 완전히 식힙니다.

3. 작은 냄비를 중간 불과 센 불 사이에 올리고 연유를 끓입니다. 자주 저어가며 거품이 날 때까지 끓입니다. 중불로 줄이고 푸딩 같은 농도가 될 때까지 약 5분간 저으면서 끓입니다. 체 밑에 그릇을 받치고 거릅니다. 라임제스트와 라임즙, 소금을 조금 넣고 저어줍니다. 필링에 닿게 랩을 밀착시켜 씌우고 냉장실에서 30분 동안 보관합니다.

4. 중간 크기 볼에 남은 버터 6큰술, 크림치즈, 우유 혼합물을 넣고 전동 믹서를 이용해서 중속과 고속 사이로 풍성해질 때까지 휘젓습니다. 필링 2작은술을 쿠키의 평평한 면에 바르고 물방울 구멍을 뚫은 쿠키로 덮습니다. 남은 쿠키로도 똑같이 반복합니다. 뚜껑을 덮어 냉장실에 1시간 이상 보관했다가 냅니다(쿠키는 밀폐 용기에 담아 냉장실에서 4일 동안 보관할 수 있습니다).

Peanut-Butter Sandwich Cookies

땅콩버터 샌드위치 쿠키

12개 분량

오트밀과 땅콩이 가득한 이 샌드위치 쿠키는 땅콩버터와 오트밀 쿠키 애호가들을 즐겁게 해줄 것입니다. 쿠키 반죽에 귀리를 볶아 넣으면 바삭하게 씹히는 맛이 생기고 부드럽고 크리미한 땅콩버터 필링을 감싸 더 맛있습니다.

쿠키

무염버터 1½스틱(¾컵): 실온 상태

납작귀리 1컵

무표백 중력분 1컵과 2 큰술

베이킹소다 1작은술

굵은소금 1작은술

눌러 담은 흑설탕 ½컵

백설탕 ⅓컵

부드러운 땅콩버터 ½컵

터비나도 설탕: 덧뿌리 는 용도

필링

무염버터 4큰술: 실온 상태

부드러운 땅콩버터 ¾컵

슈가파우더 ¼컵: 체 친 것

굵은소금 ½작은술

---

1. **쿠키 만들기:** 중간 크기의 프라이팬을 중불에 올리고 버터 ½스틱(4큰술)을 녹입니다. 귀리를 넣어 5~10분 동안 저으며 볶습니다. 유산지를 깐 베이킹 시트에 귀리 혼합물을 펼쳐놓고 식힙니다.

2. 중간 크기 볼에 밀가루, 베이킹소다, 소금을 넣고 섞습니다. 다른 큰 볼에 남은 버터 1스틱, 흑설탕, 백설탕을 넣고 전동 믹서를 이용해서 중속과 고속 사이로 약 3분간 연한 미색이 되고 풍성해질 때까지 휘젓습니다. 땅콩버터를 넣고 가볍게 섞어줍니다.

3. 믹서를 저속으로 낮추고 귀리 혼합물과 밀가루 혼합물을 조금씩 넣으면서 가볍게 섞어줍니다. 유산지 2장 사이에 반죽을 끼우고 0.6㎝ 두께로 밉니다. 반죽을 유산지 채 베이킹 시트에 옮기고 냉장실에 넣어 약 20분 동안 차갑게 만듭니다.

4. 오븐을 175℃로 예열합니다. 위쪽 유산지를 벗기고 지름 6㎝의 원형 쿠키 커터로 반죽을 잘라냅니다. 유산

지를 깐 베이킹 시트에 반죽을 약 2.5㎝ 간격으로 놓습니다. 터비나도 설탕을 뿌립니다. 약 10분 동안 쿠키가 황금색이 될 때까지 굽습니다. 베이킹 시트에서 완전히 식힙니다.

5. **필링 만들기:** 중간 크기 볼에 모든 재료를 넣고 믹서를 이용해서 중속으로 부드러워질 때까지 섞습니다. 짤주머니에 지름 1.3㎝의 원형 깍지(예: 아테코Ateco #806)를 끼우고 필링을 넣습니다.

6. 절반의 쿠키를 뒤집은 후 필링을 나선형 모양으로 빙글빙글 짭니다(242쪽 필링 짜기 참고). 남은 절반의 쿠키를 덮어 샌드위치를 만듭니다(필링을 넣은 쿠키는 밀폐 용기에 담아 실온에서 3일 동안 보관할 수 있습니다).

Passionfruit Melting Moments

패션프루트 멜팅 모멘츠

24개 분량

한 입만 먹어봐도 이 쿠키 이름의 의미를 알게 될 거예요. 말 그대로 입 안에서 녹아내립니다. 호주와 뉴질랜드 곳곳의 카페에서 볼 수 있는 멜팅 모멘츠는 옥수수전분 쿠키라고도 하고, 필링을 넣은 것은 커스터드 키세스라고 부릅니다. 필링은 바닐라, 라즈베리 등 다양한 맛으로 만들 수 있습니다. 마샤 스튜어트는 집에서 만든 패션프루트 맛 커드를 선택했어요.

쿠키

무염버터 1½스틱(¾컵): 실온 상태

슈가파우더 ½컵: 체 친 것 + 덧가루 조금

바닐라 익스트랙 1큰술

무표백 중력분 1¼컵

옥수수전분 ¼컵

굵은소금 ½작은술

필링

큰 달걀의 노른자 4개

냉동 패션프루트 퓌레 ½컵: 해동한 것

백설탕 ½컵

굵은소금 ½작은술

무염버터 5큰술: 차가운 상태

무향 젤라틴 1작은술

1. **쿠키 만들기:** 큰 볼에 버터, 슈가파우더, 바닐라를 넣고 전동 믹서를 이용해서 중속과 고속 사이로 약 2분간 그릇 옆면을 깨끗이 훑어 내려가며, 연한 미색이 되고 풍성해질 때까지 휘젓습니다. 중간 크기 볼에 밀가루와 옥수수전분을 넣고 체 칩니다. 밀가루 혼합물을 버터 혼합물에 섞고 소금을 넣은 후 가볍게 젓습니다. 랩으로 싼 다음 냉장실에 넣어 1시간 동안 휴지시킵니다.

2. 오븐을 175℃로 예열합니다. 한 번에 반죽을 2작은술씩 떠서 공 모양으로 빚습니다. 48개를 만들어 유산지를 깐 베이킹 시트에 2.5㎝ 간격으로 놓습니다. 공 반죽 윗면을 포크로 눌러 자국을 냅니다. 쿠키의 가장자리가 옅은 황금색이 될 때까지 10~12분 동안 굽습니다. 베이킹 시트를 식힘망으로 옮겨 완전히 식힙니다.

3. **필링 만들기:** 중간 크기 냄비를 중불에 올리고 달걀노른자, 패션프루트 퓌레, 백설탕, 소금을 끓입니다. 이 혼합물이 숟가락 뒷면을 감싸며 붙어 있을 정도로 걸

쭉해질 때까지 약 10분간 저으면서 끓입니다. 버터와 젤라틴을 넣은 후, 버터가 녹고 젤라틴이 풀어질 때까지 젓습니다. 고운 체를 중간 크기의 그릇에 받치고 이 커드를 거릅니다. 커드 표면에 랩을 밀착시켜 씌우고 냉장실에 1시간 이상 보관합니다.

4. 절반의 쿠키의 평평한 면에 커드 1작은술을 펴 바르고, 나머지 쿠키 위에 슈가파우더를 체 칩니다. 서로 붙여 샌드위치를 만듭니다(필링을 채운 쿠키는 만든 당일 먹는 것이 가장 좋습니다. 필링을 채우지 않은 쿠키는 밀폐 용기에 담아 실온에서 2주일 동안 보관할 수 있습니다).

Cookie Perfection

Macaroon Sandwich Cookies

마카룬 샌드위치 쿠키

45개 분량

마카롱과 이름이 비슷한 마카룬입니다. 발음만 프랑스식일 뿐 마카룬은 유대인의 유월절 전통음식입니다. 바삭하면서 쫄깃한 코코넛 쿠키 사이에 과일 프리저브를 넣어 만든 독특한 디저트입니다. 어떤 잼이든 마카룬의 코코넛 채와 잘 어울린답니다. 이 레시피에서는 망고, 라즈베리, 살구잼을 발라 다양하게 만들었습니다.

큰 달걀의 흰자 2개

설탕 3큰술

굵은소금 조금

가당 코코넛 채 226g

잼 ½컵: 망고, 라즈베리, 살구 등

---

1. 오븐을 175℃로 예열합니다. 중간 크기 볼에 달걀흰자, 설탕, 소금을 넣고 거품이 날 때까지 휘젓습니다. 코코넛을 넣고 촉촉해질 때까지 젓습니다. 작은술로 떠서 유산지를 깐 베이킹 시트에 놓고 포크로 납작하게 누릅니다. 쿠키가 황금색이 될 때까지 13~15분 동안 굽습니다. 고르게 구워지도록 중간에 베이킹 시트를 앞뒤로 돌립니다. 완전히 식힙니다.

2. 절반의 쿠키를 뒤집어 평평한 면에 잼 ½작은술을 펴 바르고 나머지 쿠키로 덮어 샌드위치처럼 만듭니다(쿠키는 밀폐 용기에 담아 실온에서 3일 동안 보관할 수 있습니다).

TIP

이 쿠키에 넣는 가당 코코넛은 코코넛을 말리기 전에 설탕을 첨가한 것으로, 말리기만 한 무가당 코코넛과 다릅니다. 가당 코코넛이 더 촉촉하고 진한 맛입니다.

Maple-Cream Sandwich Cookies

단풍잎-크림 샌드위치 쿠키

20개 분량

단풍나무가 단풍잎 모양 샌드위치 쿠키 사이마다 스며 있습니다. 메이플슈가로 버터 쇼트브레드 반죽의 단맛을 내고, 메이플 시럽으로 크림 필링의 단맛을 냈으니까요. 많은 요리사들이 황금색 또는 호박색 메이플시럽을 사용하지만, 좀 더 강한 메이플 향을 원한다면 제철이 끝날 무렵 채취한 더 어두운 색의 시럽을 넣으면 됩니다.

쿠키

무표백 중력분 5컵 + 덧가루 조금

베이킹파우더 1큰술과 1작은술

계피가루 2작은술

굵은소금 ½작은술

무염버터 4스틱(2컵): 실온 상태

백설탕 2컵

퓨어 메이플슈가 1컵

달걀 큰 것 2개: 실온 상태

필링

무염버터 1½스틱(¾컵): 실온 상태

슈가파우더 3컵: 체 친 것

퓨어 메이플시럽 6큰술

1. **쿠키 만들기:** 큰 볼에 밀가루, 베이킹파우더, 계피, 소금을 넣고 섞습니다. 또 다른 볼에 버터, 백설탕, 메이플슈가를 넣고 전동 믹서를 이용해서 중속으로 약 3분간 연한 미색이 되고 풍성해질 때까지 휘젓습니다. 달걀을 넣고 30초 동안 저어줍니다. 믹서를 저속으로 낮춘 다음 밀가루 혼합물을 넣고 그릇 옆면을 훑어 내려주며 30초 동안 가볍게 섞습니다. 반죽을 4등분하여 원반 모양으로 빚습니다. 각각 랩으로 싼 다음 냉장실에 넣어 약 30분 동안 굳힙니다.

2. 오븐을 190℃로 예열합니다. 밀가루를 살짝 뿌린 조리대 위에 원반 반죽 한 덩이를 올리고 반죽 위에도 밀가루를 살짝 뿌린 후 0.3㎝ 두께로 밉니다. 10㎝ 크기의 단풍잎 쿠키 커터에 밀가루를 묻혀가며 약 10개의 쿠키를 찍어냅니다. 유산지를 깐 베이킹 시트에 놓고 냉동실로 옮겨 약 10분간 굳힙니다. 나머지 원반 반죽으로도 똑같이 반복합니다.

3. 쿠키의 가장자리가 갈색으로 변할 때까지 10~12분 동안 굽습니다. 고르게 구워지도록 중간에 베이킹 시트를 앞뒤로 돌립니다. 베이킹 시트를 식힘망으로 옮겨 식힙니다. 쿠키를 식힘망으로 옮겨 완전히 식힙니다.

4. **필링 만들기:** 중간 크기 볼에 버터를 넣고 전동 믹서를 이용해서 중속과 고속 사이로 약 2분간 연한 미색이 되고 풍성해질 때까지 휘젓습니다. 슈가파우더와 메이플시럽을 넣고 부드러워질 때까지 젓습니다. 짤주머니에 작은 원형 깍지(예: 아테코Ateco #1 또는 #2)를 끼운 후 필링을 넣습니다. 절반의 쿠키 밑면을 뒤집어 필링 2큰술을 짭니다. 나머지 절반의 쿠키로 윗면을 덮어 샌드위치를 만듭니다(필링을 채운 쿠키는 밀폐 용기에 담아 실온에서 3일 동안 보관할 수 있습니다).

Pumpkin-Gingerbread Ice Cream Sandwiches

호박–진저브레드 아이스크림 샌드위치

15개 분량

호박은 생강, 계피, 넛멕과 같은 따뜻한 향신료와 궁합이 잘 맞습니다. 그러니 호박 아이스크림과 쫄깃한 진저브레드 쿠키는 아주 자연스럽게 어울린답니다. 하지만 바닐라 맛이 더 좋다면 얼마든지 바닐라 아이스크림을 넣어도 됩니다. 어떤 맛을 선택하든 샌드위치에 넣기 30분 전에 냉장실로 옮겨 부드럽게 뜰 수 있게 녹입니다.

무표백 중력분 3컵과 2 큰술

무가당 더치 프로세스 코코아가루 2큰술

생강가루 2½작은술

계피가루 2작은술

정향가루 ½작은술

넛멕가루 ¼작은술: 신선하게 간 것

무염버터 2스틱(1컵): 실

온 상태

눌러 담은 흑설탕 1컵

생강 2큰술: 껍질 벗겨 신선하게 간 것

몰라세스 ½컵

베이킹소다 2작은술: 끓는 물 1큰술에 녹인 것

백설탕 ⅓컵

시판 호박 아이스크림 또는 바닐라 아이스크림

---

1. 중간 크기 볼에 밀가루, 코코아가루, 생강가루, 계피가루, 정향가루, 넛멕가루를 넣고 체 칩니다. 다른 큰 볼에 버터, 흑설탕, 간 생강을 넣고 전동 믹서를 이용해서 중속으로 약 3분간 풍성해질 때까지 휘젓습니다. 몰라세스를 넣고 젓습니다. 이를 두 번에 나누어 물에 녹인 베이킹소다와 번갈아 가며 밀가루 혼합물에 넣고 섞어줍니다. 반죽을 원반 모양으로 빚고 랩으로 쌉니다. 냉장실에서 약 2시간 또는 하룻밤 동안 굳힙니다.

2. 반죽을 떠서 지름 3.8cm의 공 모양으로 30개를 빚습니다. 유산지를 깐 베이킹 시트에 6cm 간격으로 놓습니다. 냉장실에 넣어 20분 동안 휴지시킵니다.

3. 오븐을 160℃로 예열합니다. 공 모양 반죽을 백설탕에 굴립니다. 쿠키의 표면이 살짝 갈라질 때까지 10~12분 동안 굽습니다. 약 5분간 식힌 후 쿠키를 식

힘망으로 옮겨 완전히 식힙니다.

4. 베이킹 시트에 15개의 쿠키를 납작한 면이 위로 가게 놓습니다. 아이스크림 ⅓컵을 떠서 쿠키 가운데에 바릅니다. 나머지 쿠키의 납작한 면으로 아이스크림을 덮습니다. 아이스크림이 쿠키 가장자리까지 퍼지도록 손바닥으로 가볍게 누릅니다. 냉동실에 약 2시간 동안 넣어 아이스크림을 반쯤 얼립니다(샌드위치 쿠키는 베이킹 시트에 놓고 4시간 이상 얼린 후 지퍼백에 담아 2주일 동안 보관할 수 있습니다). 먹기 30분 전에 냉장실로 옮겨서 아이스크림을 살짝 녹입니다.

프렌치 마카롱

공기처럼 가벼운 마카롱은 만들기 까다롭다고 생각하는데, 집에서도 전문가처럼 만들 수 있습니다. 마카롱을 만들 때는 재료마다 무게를 정확히 계량하고 머랭 팁대로 따라 해야 합니다. 이 레시피에서는 다섯 가지 맛을 만들어볼게요. 한 가지 맛만 만들든 여러 가지 맛을 섞어 만들든 맛도 모양도 시판하는 마카롱과 같아서 프랑스 어느 빵집에서 사왔냐는 질문을 받을 수도 있습니다.

20~25개 분량

껍질 벗긴 아몬드 ⅔컵(71g): 편으로 썬 것
슈가파우더 1컵(117g): 체 친 것
큰 달걀의 흰자 2개: 실온 상태
백설탕 ¼컵(53g)
향료와 색소(112쪽 참고)
필링(112쪽 참고)

1. 오븐을 175℃로 예열합니다. 푸드프로세서에 아몬드를 넣고 약 1분 동안 최대한 곱게 갑니다. 슈가파우더를 넣고 약 1분 동안 같이 갈아줍니다.

2. 가루 혼합물을 고운 체에 내립니다. 체 위에 남은 덩어리를 푸드프로세서에 넣고 다시 갑니다. 덩어리를 으깨며 다시 체에 내립니다. 체 위에 남은 덩어리가 2큰술이 안 될 때까지 반복합니다.

3. 큰 볼에 달걀흰자와 백설탕을 넣고 손거품기로 젓습니다. 전동 믹서를 이용해서 중속으로 2분간 휘젓습니다. 믹서를 고속으로 높여 다시 2분 동안 거품이 단단하고 윤기가 흐르며 끝이 뾰족하게 설 때까지 젓습니다. 향료와 색소를 넣고 (선택) 믹서를 이용해서 고속으로 30초 동안 섞습니다.

4. 가루 혼합물을 천천히 넣습니다. 스패출러를 볼의 바닥에서 위쪽으로 쓸어 올린 다음(113쪽 A 참고), 스패출러의 납작한 면으로 반죽 가운데를 단단히 눌러 내립니다(B 참고). 반죽이 용암처럼 흐르는 상태가 될 때까지 35~40회 반복합니다.

5. 짤주머니에 지름 0.9cm의 원형 깍지(아테코Ateco #804, C 참고)를 끼우고 반죽을 넣습니다. 베이킹 시트 두 판의 모서리마다 반죽을 조금 짠 후 유산지를 깝니다.

6. 짤주머니에 지름 1.3cm의 원형 깍지를 끼웁니다. 유산지 위에 짤주머니를 직각으로 세우고 회전시키며 지름 1.9cm의 원을 짠 후 가장자리 한쪽에서 들어 올리며 마무리합니다(D 참고). 2.5cm 간격을 두고 반죽을 계속 짭니다. 베이킹 시트를 조리대 위에 2~3번 내리쳐서 기포를 없앱니다.

7. 오븐에 베이킹 시트를 한 판씩 넣어 쿠키가 부풀고 굳을 때까지 약 13분간 굽습니다. 고르게 구워지도록 중간에 베이킹 시트를 앞뒤로 돌립니다. 완전히 식힙니다. 절반의 쿠키의 납작한 면에 필링을 짜서 바르고 나머지 절반의 쿠키를 덮어 살짝 누릅니다. 랩에 싸서 냉장 보관합니다(마카롱은 냉장실에서 하루 이상 지나야 맛있습니다).

여러 가지 맛과 필링

아몬드 쿠키를 기본으로 수많은 맛을 내는 쿠키를 만들어보세요. 다음은 인기 많은 다섯 가지 맛입니다. 색깔과 맛은 3단계에서 원하는 대로 조절할 수 있습니다.

---

1. 에스프레소
쿠키: 인스턴트 에스프레소가루 ½작은술을 넣습니다. 절반의 굽지 않은 원형 반죽 위에 에스프레소가루를 체 칩니다(모카맛: 슈가파우더 ⅓컵 대신 무가당 코코아가루 ¼컵을 넣습니다).
필링: 인스턴트 에스프레소가루 ¼작은술을 뜨거운 물 ¼작은술에 녹입니다. 스위스 머랭 버터크림 ⅔컵에 섞습니다(246쪽 참고).
가장 맛있는 때: 냉장실에서 3~5일 보관 후

2. 로즈 라즈베리
쿠키: 장미수 ¼작은술과 분홍장미색 젤-페이스트 색소 3방울을 넣습니다.
필링: 라즈베리잼(씨 있는 것) ½컵
가장 맛있는 때: 냉장실에서 1~2일 보관 후

3. 구운 헤이즐넛과 초콜릿
쿠키: 아몬드 대신 껍질 벗겨 구운 헤이즐넛을 넣습니다.
필링: 냄비에 헤비크림 ¼컵을 넣고 거품이 생기기 시작할 때까지 끓입니다. 잘게 썬 비터스위트 초콜릿 45g과 무염버터 ½큰술을 넣고 섞습니다. 초콜릿-헤이즐넛 스프레드 3큰술을 넣고 젓습니다. 진하면서도 펴 바를 수 있을 농도까지 식힙니다.
가장 맛있는 때: 냉장실에서 1~2일 보관 후

4. 초콜릿 민트
쿠키: 페퍼민트 익스트랙 ¼작은술과 청록색 젤-페이스트 색소 2방울을 넣습니다. 절반의 굽지 않은 원형 반죽 위에 비터스위트 초콜릿을 곱게 갈아 뿌립니다.
필링: 냄비에 헤비크림 ¼컵을 넣고 거품이 생기기 시작

할 때까지 끓입니다. 잘게 썬 비터스위트 초콜릿 45g과 무염버터 ½큰술을 넣고 섞습니다. 진하면서도 펴 바를 수 있을 농도까지 식힙니다.
가장 맛있는 때: 냉장실에서 1~2일 보관 후

5. 바닐라빈
쿠키: 바닐라빈 반쪽에서 긁어낸 씨앗과 구리색 젤-페이스트 색소 1방울을 넣습니다.
필링: 스위스 머랭 버터크림 ⅔컵(246쪽 참고).
가장 맛있는 때: 냉장실에서 3~5일 보관 후

마카롱 팁

- 오븐에서 잘 부푸는 머랭을 만드는 열쇠는 신선한 달걀흰자입니다. 오래된 흰자로 만들면 쉽게 꺼져버립니다. 시판 달걀흰자는 저온 살균 과정 때문에 단단한 머랭이 만들어지지 않으므로 사용하지 않습니다.

- 오돌토돌한 표면이 되지 않도록 하기 위해 아몬드-설탕 혼합물을 머랭에 조금씩 넣고 과도하게 젓지 말아야 합니다. 머랭은 매끄럽고 윤기가 나고 잘 구부러져야 하며, 건조하거나 알갱이가 있으면 안 됩니다.

- 식용 색소는 액상이 아닌 젤 형태를 사용합니다. 액상 색소는 반죽을 묽게 만들 수 있습니다.

- 머랭에 균열이 생기는 것을 방지하기 위해 오븐 문을 아주 조금 열어둡니다. 머랭이 갈색으로 변하기 시작하면 오븐 온도를 15℃ 정도로 낮춥니다.

- 마카롱 모양대로 완벽하게 짜려면 연습을 몇 번 해봐야 합니다. 다 짜고 나서 깍지를 쑥 들어 올리지 말고, 장미꽃을 그리듯이 돌려 짜다가 가장자리 한쪽에서 들어 올리며 마무리합니다. 원이 그려진 마카롱 베이킹 매트를 사용해도 됩니다.

(A)

(B)

(C)

(D)

4

자이언트 쿠키

단맛에 열광하는 사람들을 위한, 모임에서 여러 사람들과 나눠 먹기 위한,
든든한 아침 식사를 위한 대형 쿠키입니다. 이유가 무엇이든 간에
특대 사이즈는 크기 자체만으로도 재미있습니다.

마 샤 의 특 강
설탕 쿠키

전통 설탕 쿠키는 베이킹의 가장 기본 기법이지만, 그 단순함 안에 완벽함이 녹아 있습니다. 기본 재료만으로는 쿠키의 섬세한 맛을 표현할 수 없어 전통 방법에서 몇 가지를 소소하게 바꿔보았습니다. 사워크림을 추가하여 특별히 더 부드럽게 만들고, 설탕 쿠키에 대한 애정과 크기가 비례하듯 커다란 쿠키를 만들었습니다. 레몬 글레이즈와 설탕에 절인 감귤류의 껍질로 장식도 하고, 수제 스프링클을 뿌려 옛날식 쿠키처럼 멋을 내보았습니다.

10개 분량

무표백 중력분 2컵
베이킹파우더 1작은술
굵은소금 ½작은술
베이킹소다 ¼작은술
무염버터 1스틱(½컵): 실온 상태
설탕 1½컵 + 덧뿌리는 용도 조금
달걀 큰 것 1개
바닐라 익스트랙 1작은술
사워크림 ¼컵

---

1. 오븐을 175℃로 예열합니다. 중간 크기 볼에 밀가루, 베이킹파우더, 소금, 베이킹소다를 넣고 섞습니다. 다른 큰 볼에 버터와 설탕을 넣고 전동 믹서를 이용해서 중속과 고속 사이로 약 3분간 연한 미색이 되고 풍성해질 때까지 휘젓습니다. 달걀과 바닐라를 넣고 고루 저어줍니다.

2. 믹서를 저속으로 낮춥니다. 밀가루 혼합물의 반을 넣고 사워크림을 넣은 다음 나머지 밀가루 혼합물을 넣고, 부드러워질 때까지 젓습니다(뻑뻑한 반죽이 될 거예요. 나무 숟가락으로 저으며 마무리해주세요).

3. 쿠키 스쿱이나 숟가락으로 반죽을 떠서(3큰술) 유산지를 깐 베이킹 시트에 7.5~10㎝ 간격으로 놓습니다.

4. 쿠키의 가장자리가 단단해지고 윗면이 갈색으로 변하기 시작할 때까지 20~25분 동안 굽습니다. 고르게 구워지도록 중간에 베이킹 시트를 앞뒤로 돌립니다. 쿠키를 식힘망으로 옮겨 완전히 식힙니다(쿠키는 밀폐 용기에 담아 실온에서 5일 동안 보관할 수 있습니다).

응용하기

감귤류 글레이즈

4단계 마지막에서 식힌 쿠키를 레몬 글레이즈(246쪽)에 찍고, 남는 것은 그릇으로 떨어뜨립니다. 식힘망으로 옮긴 즉시 설탕에 절인 감귤류로 장식한 후(248쪽 참고) 굳힙니다.

스프링클 장식

2단계 마지막에서 수제 스프링클의 절반을 섞습니다. 3단계 마지막에서 남은 수제 스프링클을 반죽 가장자리에 올리고 톡톡 두드려 붙입니다.

Homemade Sprinkles
수제 스프링클

1 ¼ 컵 분량

슈가파우더 1½컵: 체 친 것
연한 색 콘시럽 1큰술
바닐라 익스트랙 ¼작은술
분홍색, 복숭아색, 홍매색 젤-페이스트 색소

1. 작은 볼에 설탕, 물 2큰술, 콘시럽, 바닐라를 넣고 섞습니다. 물풀의 농도가 될 때까지 젓고, 필요하면 한 번에 물을 ¼작은술씩 넣습니다. 3개의 작은 그릇에 나눠 담습니다. 식용 색소를 넣어 원하는 색을 만듭니다.

2. 짤주머니에 작은 원형 깍지(예: 아테코Ateco #2)를 끼운 후 가장 밝은 색상의 혼합물을 넣습니다. 유산지를 깐 베이킹 시트 위에 길고 가느다란 선을 짭니다. 이 과정을 중간 색상의 혼합물을 넣어 반복하고, 가장 어두운 색상의 혼합물을 넣어 똑같이 반복합니다. 마를 때까지 아무것도 덮지 말고 하룻밤 넘게 굳힙니다. 완

전히 마르면 잘게 부수거나 자릅니다.

설탕 쿠키 팁

- 여러 가지 맛으로 변형시켜보세요. 가령 반죽에 레몬 반 개의 껍질을 갈아 넣거나 코냑 1큰술을 섞는 것입니다. 1단계에서 바닐라 바로 다음에 넣으면 됩니다.

- 오렌지 껍질이나 레몬 껍질을 설탕에 절일 때, 하얀 속껍질을 겉껍질에 남겨둡니다. 중량감이 생기고 익히지 않았을 때 나는 쓴맛은 사라집니다.

- 평범한 설탕 쿠키 윗면에 갈라진 무늬를 섬세하게 내려면, 스쿱으로 뜬 반죽 위에 샌딩슈가나 백설탕을 두 번씩 뿌려줍니다. 한 번 뿌린 다음 페이스트리 붓을 차가운 물에 적셔서 반죽 위를 가볍게 쓸어줍니다. 그다음 더 많은 샌딩슈가를 뿌립니다. 굽기 전에 냉장 보관합니다.

- 시판 스프링클은 입 안에 텁텁한 맛이 남지만 수제 스프링클은 설탕과 바닐라 맛이 나지요. 남은 것은 밀폐용기에 담아 실온에서 1개월 동안 보관할 수 있습니다.

- 수제 스프링클을 식용 색소로 물들일 때 이쑤시개를 색소에 찍어 설탕 혼합물에 넣어보세요. 이렇게 조금씩 색을 더하면서 원하는 색을 만들면 됩니다.

- 부드러운 쿠키를 좋아한다면 조금 덜 구우세요. 가장자리는 황금색이고 가운데는 연한 색이 나는 상태입니다.

- 드롭 쿠키는 기술적으로 옛날 방식이라고 할 수 있습니다. 설탕 함량이 높은 다른 드롭 쿠키와 마찬가지로 모양이 조금 이상하게 나오면 작은 오프셋 스패출러로 가장자리를 정리해줍니다. 뜨거울 때가 더 유연하니까 오븐에서 꺼내자마자 하는 게 효과적입니다.

- 설탕 쿠키를 옮기기 전에 식힘망 위에서 충분히 식힙니다. 일단 조금 굳혀야 합니다.

Kitchen-Sink Cookies

키친-싱크 쿠키

8개 분량

말린 과일, 구운 견과류, 초콜릿, 납작귀리, 심지어 코코넛 플레이크(코코넛 채보다 조금 더 두껍고 통통한 것)까지 부엌 싱크대만 빼고 모조리 넣었다는 키친-싱크 쿠키입니다. 이렇게 다 넣어 만들려면 크게, 정말 크게 만들어야겠지요.

무염버터 2스틱(1컵): 실온 상태

백설탕 ¾컵

눌러 담은 황설탕 ¾컵

달걀 큰 것 2개

바닐라 익스트랙 2작은술

무표백 중력분 2컵

굵은소금 1작은술

베이킹소다 1작은술

베이킹파우더 ½작은술

납작귀리 1½컵

무가당 코코넛 플레이크 1컵: 큰 조각

말린 살구 1컵: 굵게 다진 것

세미스위트 초콜릿 170g: 굵게 썬 것

말린 체리 1컵

피칸 1컵: 구운 것(248쪽 참고)

1. 오븐을 175℃로 예열합니다. 큰 볼에 버터와 두 가지 설탕을 넣고 전동 믹서를 이용해서 중속으로 약 2분간 연한 미색이 되고 풍성해질 때까지 휘젓습니다. 믹서를 저속으로 낮추고 달걀을 한 번에 하나씩 넣으면서 고루 저어줍니다. 바닐라를 넣고 섞습니다.

2. 중간 크기 볼에 밀가루, 소금, 베이킹소다, 베이킹파우더를 넣고 섞습니다. 믹서를 저속으로 낮추고 버터 혼합물을 조금씩 넣으면서 가볍게 저어줍니다. 귀리, 코코넛, 살구, 초콜릿, 체리, 피칸을 넣습니다. 나무 숟가락으로 골고루 섞습니다.

3. 반죽을 떠서 8개의 공 모양(하나당 ¾컵 분량)으로 빚습니다. 유산지를 깐 베이킹 시트에 7.5cm 간격으로 놓습니다. 손바닥으로 눌러 지름 10cm의 납작한 원형을 만듭니다. 쿠키가 황금 갈색으로 변할 때까지 16분 동안 굽습니다. 고르게 구워지도록 중간에 베이킹 시트를 앞뒤로 돌립니다. 쿠키를 베이킹 시트에서 2분간 식힌 후 식힘망으로 옮겨 완전히 식힙니다(쿠키는 밀폐 용기에 담아 실온에서 3일 동안 보관할 수 있습니다).

TIP

재료는 자유롭게 변경 가능합니다.
피칸을 좋아하지 않으면
호두를 넣어도 되고,
체리 대신 크랜베리를 넣어도 됩니다.
단, 쿠키가 오븐에서 익는 동안
퍼지므로 반죽 사이를 충분히
띄우는 것만 주의하세요.

Chocolate-Chocolate Chip Skillet Cookie

초콜릿–초콜릿칩 무쇠팬 쿠키

12 조각

초코퍼지의 맛이 배가된 이 커다란 쿠키보다 더 쉬운 베이킹은 없을 거예요. 모든 재료를 한데 모아 섞으면 끝이에요. 반죽을 뜨거나 나눌 필요도 없습니다. 모두 섞어서 논스틱 무쇠팬에 붓고 구운 후 잘라주세요. 한 조각 잘라 바닐라 아이스크림 한 스쿱을 얹어 따뜻할 때 맛보세요.

무염버터 6큰술: 실온 상태

눌러 담은 황설탕 ¾컵

달걀 큰 것 1개: 실온 상태

바닐라 익스트랙 1작은술

무표백 중력분 1컵

무가당 더치 프로세스 코코아가루 2큰술

베이킹소다 ½작은술

굵은소금 ½작은술

세미스위트 초콜릿칩 1½컵(283g)

1. 오븐을 175℃로 예열합니다. 큰 볼에 버터와 설탕을 넣고 나무 숟가락으로 잘 섞습니다. 달걀과 바닐라를 넣고 젓습니다. 밀가루, 코코아가루, 베이킹소다, 소금을 넣은 후 초콜릿칩을 넣고 섞어줍니다.

2. 반죽을 지름 25㎝의 논스틱 무쇠팬(오븐 사용 가능한 것)으로 옮기고 윗면을 오프셋 스패출러로 평평하게 고릅니다. 쿠키 가운데가 굳고 가장자리가 팬에서 떨어져 나올 때까지 20~22분 동안 굽습니다. 고르게 구워지도록 중간에 베이킹 시트를 앞뒤로 돌립니다. 약 10분 동안 식힌 후 잘라서 먹습니다.

TIP

초콜릿칩 토핑을 얹고 싶으면 초콜릿칩 ¼컵을 따로 떼어놓았다가 굽기 전에 뿌립니다.

Jamaretti Cookies

자마레티 쿠키

대형 4개 / 약 36조각

아몬드 반죽에 잼을 가득 채운 후 조각낸 자마레티는 비스코티와 엄지쿠키를 섞은 쿠키 같습니다. 엄지쿠키에서는 동그란 반죽 가운데를 눌렀는데, 여기에서는 나무 숟가락의 긴 손잡이로 통나무 반죽 위를 눌러 도랑을 만들고 잼을 넣고 구운 후 비스코티처럼 자릅니다.

무표백 중력분 2¼컵 + 덧가루 조금

베이킹파우더 1작은술

굵은소금 1작은술

계피가루 ½작은술

아몬드 페이스트 ½컵

백설탕 ¾컵

무염버터 1스틱(½컵): 실온 상태

달걀 큰 것 2개: 실온 상태

잼 ½컵: 블랙베리, 라즈베리 또는 살구

슈가파우더 1컵: 체 친 것

우유 4작은술

1. 큰 볼에 밀가루, 베이킹파우더, 소금, 계피를 넣고 섞습니다. 푸드프로세서에 아몬드 페이스트와 백설탕을 넣고 펄스 기능으로 부드러워질 때까지 섞습니다. 이 설탕 혼합물에 버터와 달걀을 넣고 부드러워질 때까지 젓습니다. 밀가루 혼합물을 넣고 반죽이 뭉쳐질 때까지 펄스 기능으로 섞습니다. 반죽을 4등분으로 똑같이 나누고 랩으로 쌉니다. 30분 동안 냉장실에서 차갑게 만듭니다(반죽은 냉동실에 넣어 1주일 동안 보관할 수 있습니다. 사용하기 하룻밤 전에 냉장실에 두고 녹이세요).

2. 오븐을 175℃로 예열합니다. 조리대에 밀가루를 살짝 뿌리고 각 반죽을 25㎝ 길이의 통나무 모양으로 빚습니다. 유산지를 깐 베이킹 시트 2개에 통나무 반죽을 옮기고 폭 6㎝가 되도록 눌러줍니다. 반죽이 마를 정도로만 12~15분간 굽습니다.

3. 통나무 반죽 가운데를 나무 숟가락의 긴 손잡이로 눌러서 도랑을 냅니다. 잼 2큰술을 각 도랑 안에 채웁니다. 다시 오븐에 넣어 황금 갈색이 될 때까지 8~10분 이상 굽습니다. 베이킹 시트를 식힘망으로 옮겨 완전히 식힙니다.

4. 작은 볼에 슈가파우더와 우유를 넣고 부드러워질 때까지 저으며 글레이즈를 만듭니다. 통나무 반죽 위에 뿌리고 약 20분 동안 굳힙니다. 빵칼로 폭 2.5㎝의 대각선으로 자릅니다(쿠키는 밀폐 용기에 담아 실온에서 3일 동안 보관할 수 있습니다).

Mighty Australian Ginger Cookies

마이티 오스트레일리안 진저 쿠키

12개 분량

생강 애호가들은 '호주 생강너트'라는 쿠키 앞에서는 모두 한마음이 됩니다. 원래 견과류가 들어가지 않지만 견과류를 조금 넣었고, 생강은 말린 것, 신선한 것, 설탕에 절인 것 세 가지 형태로 넣었습니다.

무표백 중력분 2½컵

생강가루 2작은술

후춧가루 1작은술: 신선하게 간 것

넛멕가루 1작은술: 신선하게 간 것

베이킹소다 1작은술

굵은소금 ½작은술

무염버터 1스틱(½컵): 실온 상태

눌러 담은 황설탕 1컵

백설탕 ½컵

생강 1큰술: 껍질 벗겨 신선하게 간 것

달걀 큰 것 2개: 실온 상태

골든시럽 ¼컵

설탕에 절인 생강 ¼컵: 잘게 다진 것

샌딩슈가 ¼컵: 입자 고운 것

---

1. 큰 볼에 밀가루, 생강가루, 후춧가루, 넛멕가루, 베이킹소다, 소금을 넣고 섞습니다. 또 다른 큰 볼에 버터, 황설탕, 백설탕, 생강가루를 넣고 전동 믹서를 이용해서 중속에서 약 2분간 연한 미색이 되고 풍성해질 때까지 휘젓습니다. 달걀을 한 번에 하나씩 넣으면서 고루 저어줍니다. 골든시럽을 넣고 그릇 옆면을 훑어 내리면서 완전히 섞일 때까지 젓습니다. 설탕에 절인 생강을 넣습니다. 믹서를 저속으로 낮추고 밀가루 혼합물을 조금씩 넣으면서 가볍게 섞어줍니다. 반죽을 랩으로 싼 다음 냉장실에 넣어 2시간 이상 굳힙니다.

2. ¼컵 아이스크림 스쿱으로 반죽을 떠서 유산지를 깐 베이킹 시트에 놓습니다(반죽이 질어지면 냉장실에 20분 동안 넣어둡니다). 두 손바닥으로 반죽을 굴려 공 모양으로 빚은 다음 샌딩슈가에 굴려 코팅합니다. 유산지를 깐 베이킹 시트에 약 6㎝ 간격으로 놓습니다. 냉동실에 넣어 30분 동안 굳힙니다.

3. 오븐을 175℃로 예열합니다. 쿠키의 가장자리가 황금색으로 변할 때까지 17~20분간 굽습니다. 고르게 구워지도록 중간에 베이킹 시트를 앞뒤로 돌립니다. 5분간 식힌 후, 쿠키를 식힘망으로 옮겨 완전히 식힙니다(쿠키는 밀폐 용기에 담아 실온에서 3일 동안 보관할 수 있습니다).

TIP

사탕수수에서 추출한 걸쭉한 호박색 액체인 골든시럽은 호주의 정통 생강너트에 들어가는 재료입니다. 라일 골든시럽Lyle's Golden Syrup 제품을 추천하며, 온라인이나 전문 식품 매장에서 구입할 수 있습니다. 만약 구할 수 없으면 꿀로 대체해도 됩니다.

Caramel-Stuffed Chocolate Chip Cookies

캐러멜을 채운 초콜릿칩 쿠키

12개 분량

초콜릿을 꽉 채운 쿠키에 크리미한 캐러멜까지 넣으면 조금 지나치다고 느낄 수 있습니다. 그래도 쿠키를 만들 때는 무엇이든 기꺼이 도전해보고 싶어요. 초콜릿 안에 캐러멜이 잘 녹아 있게 하는 비결이 있어요. 바로 캐러멜을 넣은 반죽을 굽기 전 15분 동안 얼리는 것입니다. 캐러멜이 들어 있는 가운데 부분이 더 천천히 익어서 가장자리는 바삭하고 속은 달콤하고 부드러운 환상의 짝꿍이 됩니다. 더욱더 쫄깃한 쿠키가 좋다면 반죽을 완전히 얼립니다.

무표백 중력분 3컵

눌러 담은 황설탕 1½컵

백설탕 ½컵

베이킹파우더 1작은술

베이킹소다 ¾작은술

굵은소금 1작은술

무염버터 2스틱(1컵): 1.3㎝의 육면체로 썬 것, 차가운 상태

세미스위트 초콜릿칩 2컵(340g)

달걀 큰 것 2개: 실온 상태

바닐라 익스트랙 1작은술

캐러멜 18개: 반으로 나눈 것

1. 오븐을 190℃로 예열합니다. 큰 볼에 밀가루, 두 가지 설탕, 베이킹파우더, 베이킹소다, 소금을 넣고 전동 믹서를 이용해서 중속으로 휘젓습니다. 버터를 넣고 버터가 콩알만 한 크기가 될 정도로 돌립니다. 초콜릿칩을 넣고 잘 섞습니다. 달걀을 한 번에 하나씩 넣으며 젓고, 바닐라를 넣어 고루 저어줍니다.

2. 반죽을 113g씩(⅓컵) 떠서 공 모양으로 빚습니다. 중간에 깊고 넓은 구멍을 팝니다. 각 구멍에 캐러멜 3조각씩 넣고 봉한 뒤 다시 공 모양으로 빚습니다. 유산지를 깐 베이킹 시트에 7.5㎝ 간격으로 놓습니다. 냉동실에 넣어 15분간 얼립니다.

3. 10분 동안 굽다가 온도를 175℃로 낮춰 7~10분 더 굽습니다. 쿠키 가운데가 거의 익었지만 손가락으로 살짝 눌렀을 때 완전히 굳지 않아야 합니다. 쿠키 윗면에 갈라진 금이 생기도록 베이킹 시트를 조리대 위에 몇 번 내리칩니다. 베이킹 시트를 식힘망으로 옮겨 완전히 식힙니다(쿠키는 밀폐 용기에 담아 실온에서 3일 동안 보관할 수 있습니다).

TIP

대부분의 쿠키는 실온 상태의 버터를 쓰지만, 이 쿠키는 파이 크러스트를 만들 때처럼 차가운 상태의 버터를 사용합니다. 차가운 버터는 재료를 섞는 과정에서 밀가루로 코팅되어 더 부드러운 쿠키가 됩니다.

함께 먹는 아침 식사 대용 쿠키

큰 사이즈 10개 또는 중간 사이즈 20개 분량

아침으로 쿠키를 먹는 게 생소한가요? 충분히 가능합니다. 견과류, 과일, 각종 씨앗이 가득한 그래놀라의 커다란 버전으로, 친구들과 함께 커피를 마시며 먹기에 딱 좋습니다(물론 혼자 먹기에도 좋답니다). 레드 반 베이커리Red Barn Bakery의 랜델 닷지Randell Dodge 사장님이 베드포드 파머스 마켓Bedford Farmers' Market에서 파는 쿠키에서 영감을 얻어 만들었습니다.

통밀가루 2컵

무표백 중력분 2컵

베이킹소다 1½작은술

굵은소금 ½작은술

무염버터 4스틱(2컵): 실온 상태

눌러 담은 흑설탕 3컵

달걀 큰 것 4개: 실온 상태

바닐라 익스트랙 1큰술과 1작은술

납작귀리 4컵

생아몬드 1컵: 굵게 다진 것

생호박씨 ½컵

생해바라기씨 ½컵

무가당 코코넛 채 ½컵

건포도 또는 커런트 ½컵

말린 망고 ½컵: 잘게 다진 것

말린 파파야 ½컵: 잘게 다진 것

바나나칩 1컵

---

1. 오븐을 175℃로 예열합니다. 큰 볼에 두 가지 밀가루, 베이킹소다, 소금을 넣고 섞습니다.

2. 또 다른 큰 볼에 버터를 넣고 전동 믹서를 이용해서 중속으로 약 3분간 연한 미색이 되고 풍성해질 때까지 휘젓습니다. 설탕을 넣고 고루 저어줍니다. 달걀을 한 번에 하나씩 넣으면서 충분히 젓습니다. 바닐라를 넣고 가볍게 섞습니다.

3. 믹서를 저속으로 낮추고 밀가루 혼합물을 조금씩 넣으면서 가볍게 섞어줍니다. 귀리, 아몬드, 두 종류의 씨앗, 코코넛, 건포도, 망고, 파파야를 넣고 고루 섞이도록 젓습니다.

4. 반죽을 떠서 8개(각각 1컵 분량) 또는 16개(각각 ½컵 분량)로 나눕니다. 유산지를 깐 베이킹 시트에(한 판에 큰 사이즈 2개 또는 중간 사이즈 4개) 약 7.5㎝ 간격을 두고 옮겨 담습니다. 바나나칩을 위에 얹고 살짝 눌러 고정시킵니다.

5. 쿠키가 황금색으로 단단해질 때까지 20~25분 동안 굽습니다. 고르게 구워지도록 중간에 베이킹 시트를 앞뒤로 돌립니다. 베이킹 시트 위에서 25~30분 동안 완전히 식힙니다(쿠키는 밀폐 용기에 담아 실온에서 1주일 동안 보관할 수 있습니다).

TIP

반드시 무가당 코코넛을 사용하세요. 말린 과일과 흑설탕이 단맛을 충분히 냅니다.

Giant White-Chocolate Pecan Cookies

대형 화이트 초콜릿 피칸 쿠키

약 10개 분량

바삭바삭 쫄깃쫄깃한 이 특대형 과자에는 사람들이 좋아할 만한 것이 많이 들어 있습니다. 코코아 버터, 우유, 설탕으로 만든 화이트 초콜릿이 달콤한 맛을 더합니다. 화이트 초콜릿이 재료들을 부드럽고 크리미하게 모으는 중요한 역할을 하니까 고품질로 고르는 것이 좋습니다.

무표백 중력분 1¾컵

굵은소금 1작은술

베이킹소다 1작은술

무염버터 1스틱(½컵)과 6큰술: 실온 상태

눌러 담은 흑설탕 1¼컵

백설탕 ¼컵과 2큰술

달걀 큰 것 1개와 큰 달걀의 노른자 1개: 실온 상태

바닐라 익스트랙 1½작은술

화이트 초콜릿 226g: 1.3㎝~1.9㎝의 육면체로 잘게 썬 것

피칸 226g: 구워서(248쪽 참고) 굵게 다진 것

1. 오븐을 175℃로 예열합니다. 중간 크기 볼에 밀가루, 소금, 베이킹소다를 넣고 섞습니다.

2. 큰 볼에 버터와 두 가지 설탕을 넣고 전동 믹서를 이용해서 중속으로 약 4분간 연한 미색이 되고 풍성해질 때까지 휘젓습니다. 달걀 1개를 먼저 넣고 섞다가 달걀 노른자를 넣고 골고루 젓습니다. 바닐라를 넣고 섞습니다. 믹서를 저속으로 낮추고 밀가루 혼합물을 조금씩 넣으면서 가볍게 섞어줍니다. 화이트 초콜릿과 피칸을 넣고 골고루 섞습니다.

3. 반죽을 113g(지름 7.9㎝) 아이스크림 스쿱으로 떠서 유산지를 깐 베이킹 시트에 놓습니다. 베이킹 시트 하나당 2개의 반죽을 7.5㎝ 간격으로 놓습니다. 살짝 눌러 납작하게 만듭니다.

4. 쿠키가 황금색으로 변했지만 가운데는 말랑한 정도까지 약 14분간 굽습니다. 고르게 구워지도록 중간에 베이킹 시트를 앞뒤로 돌립니다. 베이킹 시트에서 살짝 식힙니다. 따뜻한 상태로 먹어도 되고, 쿠키를 식힘망으로 옮겨 완전히 식혀도 됩니다(쿠키는 밀폐 용기에 담아 실온에서 3일 동안 보관할 수 있습니다).

Big Almond-Orange Ginger Cookie

대형 아몬드-오렌지 진저 쿠키
8~10조각

감귤 맛에 스트로이젤이 덮인 바 쿠키는 원하는 만큼 크게 만들어서 부채꼴이나 정사각형으로 자릅니다. 이 쿠키에서 스트로이젤은 크러스트와 토핑 두 가지에 쓰입니다. 스트로이젤은 옛 독일어로 '무언가 흩어져 있다'는 뜻인데, 1분 안에 흩뜨려 만들지만 디저트의 완성도를 높여주는 역할을 톡톡히 합니다.

무염버터 1스틱(½컵)과 6큰술: 실온 상태 + 팬에 바를 용도 조금

무표백 중력분 1¾컵

굵은소금 1작은술

카더멈가루 ¼작은술

껍질 벗긴 아몬드 1½컵(212g): 구운 후(248쪽 참고) 곱게 간 것

오렌지 마멀레이드 ¾컵

신선한 레몬즙 2큰술

설탕 ⅔컵

오렌지제스트 ½작은술

생강 1작은술: 2.5㎝ 크기, 껍질 벗겨 간 것

1. 오븐을 175℃로 예열합니다. 20㎝×28㎝ 크기로 밑면이 분리되는 타르트팬의 바닥과 옆면에 버터를 바릅니다(팁 참고). 중간 크기 볼에 밀가루, 소금, 카더멈을 넣고 섞습니다. 아몬드가루를 넣고 섞습니다.

2. 작은 볼에 마멀레이드와 레몬즙을 넣고 젓습니다.

3. 큰 볼에 버터, 설탕, 오렌지제스트, 생강을 넣고 전동 믹서를 이용해서 중속으로 약 3분간 연한 미색이 되고 풍성해질 때까지 휘젓습니다. 믹서를 저속으로 낮추고 밀가루 혼합물을 조금씩 넣으면서 덩어리로 뭉치기 시작할 때까지 약 30초간 젓습니다. 준비된 팬의 바닥과 옆면에 반죽 3컵을 눌러 담습니다. 마멀레이드 혼합물을 빵 반죽 위에 펴 바릅니다. 남은 밀가루-버터 반죽을 바스러뜨려 윗면에 덩어리지게 떨어뜨립니다.

4. 25분 동안 구운 후 온도를 150℃로 낮추고 팬을 앞뒤로 돌려줍니다. 밝은 황금 갈색으로 변하고 단단해질 때까지 25~30분 동안 더 굽습니다. 팬을 식힘망으로 옮겨 완전히 식힙니다. 스패출러를 쿠키와 팬 바닥 사이에 넣고 쓸어주어 쿠키를 팬에서 분리합니다(쿠키는 밀폐 용기에 담아 실온에서 2일 동안 보관할 수 있습니다).

TIP

지름 25㎝의 스프링폼 팬에서 만들어도 됩니다.

Scottish Shortbread

스코틀랜드 쇼트브레드

지름 20㎝ 원판 1개 분량

이 버터 비스킷 맛의 열쇠는 쌀가루와 버터 두 가지에 있습니다. 쌀가루는 오랜 세월 동안 스코틀랜드 제빵사가 완벽하게 까슬까슬한 쇼트브레드를 만드는 비법 재료였습니다. 그리고 몇 가지 안 되는 재료 중 버터만큼은 최고급 가염버터를 구해 사용하세요. 좋은 품질의 버터는 탁월한 맛을 내고 단맛의 균형을 잡아줍니다. 쇼트브레드는 밀폐 용기에 담아 며칠 보관해두면 오히려 맛이 더 좋아집니다.

가염버터 1½스틱(¾컵): 실온 상태 + 틀에 바를 용도 조금(팁 참고)

아주 고운 설탕 ¾컵

무표백 중력분 1¾컵

백미가루 ¼컵

할 수 있습니다).

1. 오븐을 150℃로 예열합니다. 지름 20㎝의 바닥이 분리되는 주름진 타르트팬이나 파이접시에 버터를 바릅니다. 큰 볼에 버터와 설탕을 넣고 전동 믹서를 이용해서 중속으로 잘 섞일 때까지 휘젓습니다. 믹서를 저속으로 낮추고 두 가지 가루를 넣으면서 날가루가 보이지 않을 때까지 가볍게 섞습니다.

2. 반죽을 팬에 담고 평평하게 누릅니다. 지름 3.8㎝의 쿠키 커터로 가운데를 동그랗게 잘라내고, 잘라낸 조각은 버립니다. 커터를 다시 가운데에 놓고 날카로운 칼로 반죽을 부채꼴로 자릅니다. 굽는 동안 쇼트브레드에 기포가 생기지 않도록 반죽을 포크로 찔러줍니다. 가장자리가 황금색으로 변하기 시작할 때까지 약 1시간 15분 동안 굽습니다. 1시간이 지나면 상태를 확인합니다. 오븐에서 꺼내고 오븐을 끕니다. 10분 동안 팬에서 식힙니다.

3. 조각들을 분리합니다. 잘 안 잘린 것이 있으면 다시 잘라줍니다. 베이킹 시트 채로 꺼진 오븐에 넣어 쇼트브레드가 마를 때까지 1시간 이상 넣어둡니다. 베이킹 시트를 식힘망으로 옮겨 완전히 식힙니다(쇼트브레드는 밀폐 용기에 담아 실온에서 2주일 동안 보관

TIP

케리골드Kerrygold와 같이 유지방 비율이 높은 유럽 또는 유럽식 버터를 사용하세요.

Jumbo Oatmeal Raisin Cookies

점보 귀리 건포도 쿠키

8개 분량

전통적인 귀리 쿠키를 특대형 크기로 늘리면 세 종류의 건포도, 즉 검은 건포도, 황금 건포도, 모누카Monukka 건포도를 다 넣을 수 있습니다. 모누카 건포도는 알이 굵고 맛이 진해서 좋은데, 구하기 어렵다면 검은 건포도와 황금 건포도만 각각 1½컵씩 넣으면 됩니다.

무표백 중력분 2컵

굵은소금 1½작은술

계피가루 1작은술

베이킹소다 1작은술

베이킹파우더 ½작은술

무염버터 2스틱(1컵): 실온 상태

백설탕 ¾컵

눌러 담은 황설탕 ¾컵

달걀 큰 것 2개: 실온 상태

바닐라 익스트랙 1큰술

납작귀리 2컵

건포도 3컵: 검은 건포도, 황금 건포도, 모누카 건포도를 섞은 것 선호

1. 오븐을 175℃로 예열합니다. 중간 크기 볼에 밀가루, 소금, 계피, 베이킹소다, 베이킹파우더를 넣고 섞습니다. 다른 큰 볼에 버터와 두 가지 설탕을 넣고 전동 믹서를 이용해서 중속으로 약 2분간 연한 미색이 되고 풍성해질 때까지 휘젓습니다. 믹서를 저속으로 낮추고 달걀을 한 번에 하나씩 넣으며 섞고, 바닐라를 넣습니다. 계속 저속으로 돌리며 밀가루 혼합물을 조금씩 넣으면서 가볍게 섞어줍니다. 귀리와 건포도를 넣고 젓습니다.

2. 반죽을 떠서 8개의 공 모양(하나에 ¾컵씩)으로 빚습니다. 유산지를 깐 베이킹 시트에 7.5㎝ 간격으로 놓습니다. 손바닥으로 눌러 지름 10㎝의 납작한 원형으로 만듭니다. 쿠키가 황금 갈색이 될 때까지 16분 동안 굽습니다. 고르게 구워지도록 중간에 베이킹 시트를 앞뒤로 돌립니다. 2분 동안 식힌 후, 쿠키를 식힘망으로 옮겨 완전히 식힙니다(쿠키는 밀폐 용기에 담아 실온에서 3일 동안 보관할 수 있습니다).

TIP

건포도 대신 다른 말린 과일을 넣고 싶다면 크랜베리, 새콤한 체리 또는 잘게 자른 살구가 적당합니다.

Extraordinary Chocolate Chip Cookies

특별한 초콜릿칩 쿠키

14개 분량

초콜릿칩이 4컵 이상 들어가기 때문에 이 쿠키를 초대형 초콜릿 범주에 넣었습니다. 밀가루, 버터와 설탕의 비율이 딱 알맞아서 가장자리는 바삭하고 가운데는 쫄깃합니다. 초콜릿칩 쿠키의 정석이라 해도 과언이 아니지요.

무표백 중력분 2¾컵

굵은소금 1¼작은술

베이킹파우더 1작은술

베이킹소다 1작은술

무염버터 2½스틱(1¼컵): 실온 상태

눌러 담은 흑설탕 1¼컵

백설탕 ¾컵

달걀 큰 것 2개: 실온 상태

바닐라 익스트랙 1작은술

세미스위트 초콜릿칩 4½컵

---

1. 중간 크기 볼에 밀가루, 소금, 베이킹파우더, 베이킹소다를 넣고 섞습니다.

2. 다른 큰 볼에 버터와 두 가지 설탕을 넣고 전동 믹서를 이용해서 중속으로 약 4분간 연한 미색이 되고 풍성해질 때까지 휘젓습니다. 달걀을 한 번에 하나씩 넣으며 젓고, 바닐라를 넣습니다. 믹서를 저속으로 낮추고 밀가루 혼합물을 조금씩 넣으면서 가볍게 섞어줍니다. 초콜릿칩을 넣고 골고루 젓습니다. 반죽을 냉장실에 넣어 1시간 이상 또는 하룻밤 동안 휴지시킵니다.

3. 오븐을 175℃로 예열합니다. 113g(7.9㎝) 아이스크림 스쿱으로 반죽을 떠서 유산지를 깐 베이킹 시트에 6㎝ 간격으로 놓습니다. 쿠키의 가장자리가 황금 갈색이 될 때까지 15~17분 동안 굽습니다. 고르게 구워지도록 중간에 베이킹 시트를 앞뒤로 돌립니다. 5분 동안 식힌 후 쿠키를 식힘망으로 옮겨 완전히 식힙니다(쿠키는 밀폐 용기에 담아 실온에서 3일 동안 보관할 수 있습니다).

TIP

반죽을 하룻밤 차갑게 휴지시키면 더욱 응축된 단맛이 나고 구웠을 때 너무 얇게 퍼지는 일이 없습니다. 차갑고 단단한 버터는 녹는 데 시간이 오래 걸려 쉽사리 퍼지지 않기 때문이에요. 반죽이 더 건조해지고 설탕이 골고루 퍼지면서 깊은 단맛이 납니다.

Everyday Celebration Cookies

일상의 축하 쿠키

4개 분량

생일, 기념일, 중요한 행사에 어울리는 이 케이크 같은 쿠키에는 폭신한 바닐라 버터크림을 덮고 화려한 구슬을 얹었습니다. 다양하게 응용해보세요. 설탕 진주를 뿌린 것(256쪽 참고), 초콜릿 프로스팅을 덮은 것(기본 버터크림 레시피에 비터스위트 초콜릿 170g을 녹여 식혔음) 모두 좋습니다. 다양하게 변형시킬 수 있어서 굳이 특별한 날을 기다릴 필요가 없습니다. 쿠키를 만드는 것 자체가 축하할 일이니까요.

무표백 중력분 2½컵

굵은소금 1¼작은술

베이킹파우더 2작은술

무염버터 1스틱(½컵): 실온 상태

크림치즈 ½컵: 실온 상태

눌러 담은 황설탕 1½컵

달걀 큰 것 2개: 실온 상태

바닐라 익스트랙 2작은술

기본 버터크림(245쪽) 레시피의 ½분량

다양한 색상의 구슬 스프링클: 장식용

1. 중간 크기 볼에 밀가루, 소금, 베이킹파우더를 넣고 섞습니다. 다른 큰 볼에 버터, 크림치즈, 설탕을 넣고 전동 믹서를 이용해서 중속과 고속 사이로 2~3분간 연한 미색이 되고 풍성해질 때까지 휘젓습니다. 고무 스패출러로 그릇 옆면을 훑어 내려가며 젓습니다. 달걀과 바닐라를 넣고 고루 섞습니다. 믹서를 저속으로 낮추고 밀가루 혼합물을 조금씩 넣으면서 가볍게 섞어줍니다. 반죽을 지름 2.5㎝의 원반 모양으로 빚습니다. 랩으로 단단히 싼 다음 냉장실에 넣어 2시간 이상 또는 3일 동안 휴지시킵니다.

2. 오븐을 175℃로 예열합니다. 반죽을 똑같이 4등분하여 공 모양으로 굴립니다. 손바닥으로 눌러 1.3㎝ 두께의 납작한 원형을 만듭니다. 유산지를 깐 베이킹 시트에 6㎝ 간격으로 놓습니다.

3. 쿠키가 부풀어 오르고 가운데를 살짝 눌러보아 말랑한 느낌이 남아 있을 때까지 15~18분 동안 굽습니다. 고르게 구워지도록 중간에 베이킹 시트를 앞뒤로 돌립니다. 작은 오프셋 스패출러로 버터크림을 살포시 발라줍니다. 굳기 전에 바로 구슬 스프링클을 뿌립니다(구운 당일 먹어야 가장 맛있습니다).

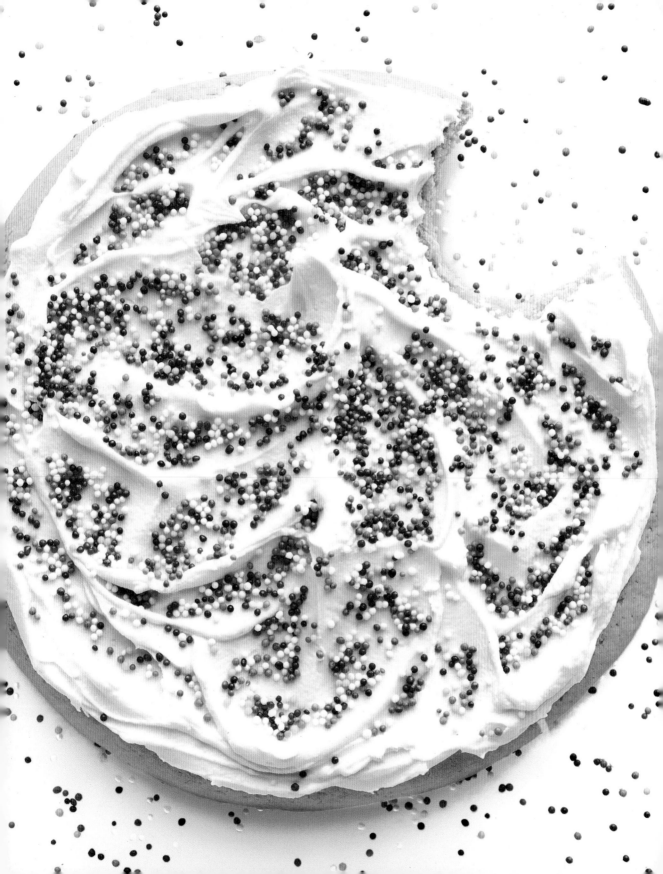

5

도구를
활용한 쿠키

틀, 쿠키프레스, 밀대, 양각 매트, 심지어 고기 망치까지
도구의 도움을 조금만 받으면 쿠키 디자인이 새로워질 수 있습니다.

Walnut Cookies

호두과자

24개 분량

완성도를 최대한 높인 쿠키입니다. 먼저 반죽에 호두 리큐르를 첨가한 후 스프링헤를레 나무틀에 넣어 호두 껍데기 모양을 만들었습니다. 호두 껍데기 사이에 샌드위치처럼 넣은 필링에는 고급스러운 초콜릿과 (이것만으로 충분하지만) 구운 호두를 넣었습니다.

쿠키

무표백 중력분 2½컵

굵은소금 ½작은술

계피가루 ½작은술

생강가루 ¼작은술

무염버터 1½스틱(¾컵): 실온 상태

크림치즈 85g: 말랑하게 녹인 것

백설탕 ½컵

눌러 담은 황설탕 ½컵

큰 달걀의 노른자 1개: 실온 상태

호두 리큐르 1큰술

슈가파우더: 체 친 것, 틀에 바를 용도

필링

무염버터 6큰술: 실온 상태

슈가파우더 1컵: 체 친 것

호두 ½컵: 구워서(248쪽 참고) 잘게 다진 것

굵은소금 조금

세미스위트 초콜릿 140g: 녹여서(248쪽 참고) 살짝 식힌 것

---

1. **쿠키 만들기:** 중간 크기 볼에 밀가루, 소금, 계피, 생강을 넣고 섞습니다. 다른 큰 볼에 버터, 크림치즈, 백설탕, 황설탕을 넣고 전동 믹서를 이용해서 중속으로 약 2분간 연한 미색이 되고 풍성해질 때까지 휘젓습니다. 달걀노른자와 호두 리큐르를 넣고 고루 젓습니다. 믹서를 저속으로 낮추고 밀가루 혼합물을 조금씩 넣으면서 가볍게 섞어줍니다. 반죽을 2.5㎝ 두께의 원반 모양으로 빚습니다. 랩으로 단단히 싼 다음 냉장실에서 넣어 1시간 동안 굳힙니다.

2. 호두 모양 나무틀 안에 슈가파우더를 넉넉하게 체 칩니다. 반죽을 틀에 넣고 중앙부터 누릅니다. 반죽을 손가락 끝으로 조심스레 떼어내고 오프셋 스패츌러로 떠서 베이킹 시트로 옮깁니다. 유산지를 깐 베이킹 시트에 2.5㎝ 간격으로 놓고 틀을 깨끗이 닦은 후

반복하여 만듭니다. 쿠키를 냉동실에 넣어 1시간 동안 굳힙니다.

3. 오븐을 160℃로 예열합니다. 쿠키가 단단해질 때까지 25~30분 동안 굽습니다. 고르게 구워지도록 중간에 베이킹 시트를 앞뒤로 돌립니다. 베이킹 시트를 식힘망으로 옮겨 완전히 식힙니다.

4. **필링 만들기:** 전동 믹서를 이용해서 중속으로 버터와 슈가파우더를 약 3분간 연한 미색이 되고 풍성해질 때까지 휘젓습니다. 호두와 소금을 넣고 고루 섞다가 초콜릿을 넣고 다시 섞습니다.

5. 쿠키 1개의 평평한 면에 필링 1작은술을 짜거나 펴 바릅니다. 또 다른 쿠키의 평평한 면으로 필링을 덮어 누릅니다. 남은 쿠키와 필링으로도 똑같이 반복합니다(**쿠키**는 밀폐 용기에 담아 실온에서 2일 동안 보관할 수 있습니다).

Stroopwafels

스트룹와플

12개 분량

스트룹와플stroopwafel(시럽 와플)은 네덜란드의 인기 있는 간식으로 와플 2장 사이에 캐러멜을 바른 쿠키입니다. 따뜻한 음료가 담긴 컵 위에 올려두면 캐러멜이 안에서 녹아 따뜻한 쿠키를 맛볼 수 있습니다. 와플을 만드는 와플콘 메이커가 필요한데, 아이스크림을 좋아한다면 하나 장만하여 두루 쓸 수 있습니다. 와플콘 메이커는 전기식 기계가 있고 피젤Pizzzelle(160쪽 참고)을 구울 때 쓰는 무쇠팬이 있습니다.

와플

무표백 중력분 1¼컵

베이킹파우더 1작은술

굵은소금 ¼작은술

달걀 큰 것 2개: 실온 상태

설탕 ¾컵

바닐라 익스트랙 2작은술

레몬 익스트랙 ½작은술

무염버터 ⅓컵: 녹였다 식힌 것

필링

설탕 1컵

연한 색 콘시럽 1큰술

헤비크림 ⅓컵

바닐라빈 1개: 반 갈라 긁어낸 씨앗

무염버터 1큰술

굵은소금 ½작은술

1. **와플 만들기:** 논스틱 전기 와플콘 메이커를 예열합니다. 중간 크기 볼에 밀가루, 베이킹파우더, 소금을 넣고 섞습니다.

2. 큰 볼에 달걀을 풀고 설탕을 넣어 섞습니다. 바닐라 익스트랙과 레몬 익스트랙을 넣고 젓습니다. 녹였다 식힌 버터를 천천히 넣으며 반죽이 부드러워질 때까지 휘젓습니다. 밀가루 혼합물을 넣고 골고루 섞습니다. 큰 짤주머니에 지름 1.3㎝의 원형 깍지(예: 아테코 Ateco #806)를 끼우고 반죽을 넣습니다. 예열한 와플콘 메이커에 지름 6㎝의 원형으로 짭니다. 뚜껑을 덮고 걸쇠를 잠급니다. 황금 갈색이 될 때까지 1분 30초~2분 동안 굽습니다. 작은 오프셋 스패출러로 와플을 들어내고 즉시 도마로 옮깁니다. 지름 8.9㎝의 원형 쿠키 커터로 자릅니다. 식힘망에서 완전히 식힙니다. 나머지 반죽으로도 똑같이 반복합니다.

3. **필링 만들기:** 중간 크기 냄비에 설탕, 콘시럽, 물 ¼컵을 넣습니다. 휘젓지 말고 천천히 원을 그리며 설탕을 녹입니다. 진한 호박색으로 변할 때까지 약 10분 동안 조심스레 젓습니다. 약한 불로 줄여 크림을 천천히 넣고 나무 숟가락으로 잘 섞습니다. 바닐라 씨, 버터, 소금을 넣고 부드러운 캐러멜이 될 때까지 젓습니다. 내열 용기를 받치고 고운 체에 내립니다. 살짝 식힙니다.

4. 절반의 쿠키를 뒤집어 캐러멜 필링을 펴 바릅니다. 나머지 절반의 쿠키를 샌드위치처럼 덮고 필링이 가장자리까지 퍼지도록 누릅니다(필링을 채운 쿠키는 밀폐 용기에 담아 실온에서 3일 동안 보관할 수 있습니다).

Iranian Rice Cookies

이란 쌀 쿠키

16개 분량

난 에 베렌지nan-e berenji라고 부르는 이 쌀가루 쿠키에는 카더멈과 장미수를 첨가한 설탕 시럽이 들어갑니다. 이 시럽은 중동 지역에서 단맛을 낼 때 쓰는 전통 재료입니다. 페르시아 문화권의 전통 쿠키 중 하나로, 새해 축하 행사(노루즈Norouz)부터 결혼식에 이르기까지 특별한 날에 먹습니다. 격자무늬는 고기 망치 끝으로 반죽을 살짝 눌러 만들었습니다.

무염버터 1½스틱(¾컵)

설탕 ¼컵

장미수 ⅛작은술

큰 달걀의 달걀노른자 1개

무표백 중력분 ½컵

백미가루 ¾컵 + 덧가루 조금

카더멈가루 ½작은술: 신선하게 간 것 선호

굵은소금 ½작은술

1. 오븐을 175℃로 예열합니다. 체에 면포를 4겹으로 깔고 작은 계량컵 위에 올립니다. 작은 냄비에 버터를 넣고 중불과 강불 사이에서 녹입니다. 막 끓기 시작할 때 중불로 줄이고, 자주 저으면서 거품이 생길 때까지 끓입니다. 버터가 고소한 향을 내며 황금 갈색으로 변하고 우유 고형물이 갈색 반점으로 분리되어 바닥으로 가라앉을 때까지 5~7분 동안 끓입니다. 불을 끄고 준비한 체에 버터를 거르고 고형물은 버립니다. 살짝 식힙니다.

2. 다른 작은 냄비를 중불에 올린 후 설탕과 물 2큰술을 넣고 저으면서 설탕을 녹입니다. 큰 볼에 옮겨 살짝 식힙니다. 장미수를 넣고 젓습니다.

3. 달걀노른자를 설탕 혼합물에 넣습니다. 색깔이 연해지고 살짝 걸쭉해질 때까지 휘젓습니다. 계속 저으면서 체에 거른 갈색 버터에 조금씩 부어 되직하게 만듭니다. 중간 크기 볼에 밀가루, 쌀가루, 카더멈, 소금을 넣고 섞습니다. 갈색 버터 혼합물을 넣고 고루 저어줍니다.

4. 반죽을 지름 3.8㎝ 크기의 공 모양으로 빚습니다. 유산지를 깐 베이킹 시트에 2.5㎝ 간격으로 놓습니다. 고기 망치의 홈이 파인 면으로 반죽을 찍고 0.6㎝ 두께로 납작하게 누릅니다. 반죽이 망치에 달라붙으면 쌀가루를 묻힙니다. 쿠키의 가장자리가 밝은 황금색으로 변하기 시작할 때까지 16~18분 동안 굽습니다. 고르게 구워지도록 중간에 베이킹 시트를 앞뒤로 돌립니다. 쿠키를 식힘망으로 옮겨 완전히 식힙니다(쿠키는 밀폐 용기에 담아 실온에서 3일 동안 보관할 수 있습니다).

Chocolate-Dipped Bear Paws

초콜릿에 담근 곰발

2개 분량

케이크 질감이 나는 마들렌처럼 보이지만 사실 바삭한 쿠키입니다. 체코의 오리지널 전통 과자를 조금 변형시켜 견과류와 따뜻한 향신료를 넣고, 녹인 비터스위트 초콜릿에 담급니다. 마들렌 팬 두 판을 동시에 구워냅니다. 또는 두 번에 나눠 먼저 한 판을 굽고 그 마들렌 팬을 식힌 후 버터를 발라 다시 굽습니다.

무염버터 2스틱(1컵): 실온 상태 + 팬에 바를 용도 조금

설탕 ¾컵

무표백 중력분 2½컵

계피가루 1작은술

정향가루 ¼작은술

굵은소금 ½작은술

아몬드 113g: 구워서(248쪽 참고) 곱게 간 것(팁 참고)

비터스위트 초콜릿 170g: 썰어서 녹인 것(248쪽 참고)

---

1. 중간 크기 볼에 버터와 설탕을 넣고 전동 믹서를 이용해서 중속과 고속 사이로 2분간 연한 미색이 되고 풍성해질 때까지 휘젓습니다. 믹서를 저속으로 낮추고 밀가루, 향신료, 소금, 아몬드를 넣어 반죽이 뭉칠 때까지 약 1분간 섞습니다. 그릇을 랩으로 싼 다음 냉장실에 넣어 1시간 동안 굳힙니다.

2. 오븐을 175℃로 예열합니다. 2개의 마들렌 팬에 붓으로 버터를 바릅니다. 반죽 2큰술을 각 틀에 눌러 담습니다(반죽이 팬 위로 올라오지 않게 담습니다). 쿠키의 가장자리가 갈색이 될 때까지 20분 동안 굽습니다. 고르게 구워지도록 중간에 베이킹 시트를 앞뒤로 돌립니다. 마들렌 팬을 식힘망으로 옮겨 10분 동안 식힙니다. 팬을 뒤집어 식힘망 위에 대고 탁 칩니다. 떨어진 쿠키를 완전히 식힙니다.

3. 녹인 초콜릿에 쿠키를 대각선으로 담급니다. 유산지를 깐 베이킹 시트에 배열합니다. 초콜릿이 굳을 때까지 냉장실에 약 30분 동안 넣어둡니다(초콜릿을 묻힌

쿠키는 뚜껑을 덮어 냉장실에서 3일 동안 보관할 수 있습니다. 초콜릿을 묻히지 않은 쿠키는 밀폐 용기에 담아 실온에서 1주일 동안 보관할 수 있습니다).

TIP

구운 아몬드를 곱게 가는 최고의 방법은 푸드프로세서로 짧게 끊으면서 가는 것입니다. 너무 오래 갈면 견과류에서 나온 기름이 뭉쳐 아몬드 버터가 되어버릴 수 있습니다.

Speculaas
스페퀼라스
24개 분량

스페퀼라스speculaas는 네덜란드에서 아주 유명한 과자로 갖가지 향신료가 들어간 바삭한 쿠키입니다. 무늬를 새긴 나무틀(요즘은 도자기틀이 더 일반적입니다)에 반죽을 넣고 찍어내는데, 틀의 무늬가 그대로 찍혀 나오기 때문에 '거울'이라고도 부릅니다. 틀의 풍차나 네덜란드 전통 의상을 입은 사람 모양이면 더욱 고전적인 느낌이 납니다. 하지만 '틀을 깨고' 마음에 드는 쿠키 커터를 자유롭게 사용해보세요.

무표백 중력분 3컵 + 덧가루 조금

베이킹소다 ½작은술

굵은소금 1작은술

계피가루 2작은술

넛멕가루 1½작은술: 신선하게 간 것

카더멈가루 1작은술: 신선하게 간 것

코리앤더가루 1작은술

생강가루 1작은술

정향가루 ½작은술

메이스(정향 껍질을 말린 것-역주)가루 ¼작은술: 신선하게 간 것

백후춧가루 ¼작은술: 신선하게 간 것

무염버터 1½스틱(¾컵): 실온 상태

눌러 담은 흑설탕 1컵

백설탕 ½컵

우유 ⅓컵

1. 중간 크기 볼에 밀가루, 베이킹소다, 소금, 향신료를 넣고 섞습니다. 다른 큰 볼에 버터와 두 가지 설탕을 넣고 전동 믹서를 이용해서 중속으로 2분간 연한 미색이 되고 풍성해질 때까지 휘젓습니다. 믹서를 저속으로 낮추고 밀가루 혼합물의 절반을 넣으면서 가볍게 섞어줍니다. 우유를 넣은 뒤 나머지 밀가루 혼합물을 넣고 섞습니다. 반죽을 원반 모양으로 빚어 랩으로 쌉니다. 냉장실에 넣어 2시간 이상 또는 하룻밤 동안 휴지시킵니다.

2. 반죽을 조금 떼어 스페퀼라스 틀 안쪽을 구석구석 톡톡 두드려줍니다(반죽 속 버터가 틀을 코팅해주는 효과가 있어요). 밀가루를 틀 안에 넉넉히 뿌린 후 틀을 뒤집어 털어냅니다. 반죽을 틀 모양 안에 들어갈 만큼 떼어 넣고 손바닥으로 눌러줍니다. 얇은 칼로 튀어나온 반죽을 잘라냅니다. 베이킹 시트 위에 유산지를 깝니다. 틀을 뒤집어 비스듬히 기울인 채 한쪽 끝을 베이킹 시트에 대고 톡톡 쳐서 반죽을 빼냅니다. 틀에 밀가루를 뿌리고 남은 반죽으로도 똑같이 반복합니다. 자투리 반죽을 모아 (너무 질면 냉장실에 넣었다 꺼냅니다) 모양을 더 찍어냅니다. 냉동실에 넣어 30분 이상 얼립니다.

3. 오븐을 175℃로 예열합니다. 쿠키가 단단하고 황금색으로 될 때까지 15~20분 동안 굽습니다. 고르게 구워지도록 중간에 베이킹 시트를 앞뒤로 돌립니다. 유산지 채 쿠키를 들어 식힘망으로 옮기고 완전히 식힙니다(쿠키는 밀폐 용기에 담아 실온에서 3일 동안 보관할 수 있습니다).

TIP

스페퀼라스 틀에 반죽이 달라붙는 것을 막기 위해 반드시 밀가루를 뿌리세요.

Spiced Cardamom Cookies

스파이스 카더멈 쿠키

60개 분량

진저브레드 쿠키와 동물 크래커의 중간쯤 되는 조금 매콤한 과자입니다. 아이싱이나 별다른 장식이 없는 대신 근사한 나뭇결이 돋보입니다. 나뭇결무늬 매트나 양각 밀대를 쓰면 되고, 굽기 하루 전에 반죽을 만들어둡니다.

무표백 중력분 5¾컵 + 덧가루 조금

베이킹소다 1작은술

굵은소금 1큰술

카더멈가루 1큰술

올스파이스가루 1작은술

후춧가루 ¼작은술: 신선하게 간 것

정향가루 ¼작은술

무염버터 2스틱(1컵): 조각낸 것, 실온 상태

눌러 담은 흑설탕 1컵

백설탕 ½컵

진한 색 콘시럽 ½컵

헤비크림 ¼컵: 실온 상태

달걀 큰 것 1개: 실온 상태

바닐라 익스트랙 1½작은술

---

1. 큰 볼에 밀가루, 베이킹소다, 소금, 카더멈, 올스파이스, 후추, 정향을 넣고 섞습니다. 또 다른 큰 볼에 버터를 담습니다. 큰 냄비에 두 가지 설탕, 콘시럽, 물 ¼컵을 넣고 설탕이 녹을 때까지 저으며 끓입니다. 뜨거운 설탕 혼합물을 버터 위에 붓습니다. 전동 믹서를 이용해서 저속으로 고루 섞습니다.

2. 믹서를 중속으로 올리고 크림, 달걀, 바닐라를 넣고 휘젓습니다. 믹서를 저속으로 낮추고 밀가루 혼합물을 조금씩 넣으면서 가볍게 섞어줍니다. 반죽을 3개의 원반 모양으로 빚고 랩으로 쌉니다. 냉장실에 하룻밤 넣어둡니다(또는 냉동실에서 1개월 동안 보관할 수 있습니다. 사용하기 전에 냉장실에서 녹이세요).

3. 오븐을 175℃로 예열합니다. 한 번에 원반 반죽 한 덩이씩, 밀가루를 살짝 뿌린 유산지 사이에 넣고 0.3㎝의 두께로 밉니다. 나뭇결 매트에 밀가루를 묻히고 무늬가 있는 면으로 반죽을 덮습니다. 매트 위를 밀대로 밀어 반죽에 무늬를 찍습니다. 매트를 조심스럽게 떼어 냅니다. 유산지 위 반죽을 베이킹 시트로 옮기고 냉장실에서 10분간 굳힙니다. 남은 원반 반죽으로도 반복합니다.

4. 날카로운 과도로 3.8㎝×7.5㎝ 크기 조각으로 자릅니다. 유산지를 깐 베이킹 시트에 2.5㎝ 간격으로 쿠키를 놓습니다. 자투리 반죽을 뭉쳐 한 번 더 모양을 찍어냅니다. 쿠키 가장자리가 황금 갈색이 될 때까지 10~12분 동안 굽습니다. 고르게 구워지도록 중간에 베이킹 시트를 앞뒤로 돌립니다. 식힘망으로 옮겨 완전히 식힙니다(쿠키는 밀폐 용기에 담아 실온에서 2주일 동안 보관할 수 있습니다).

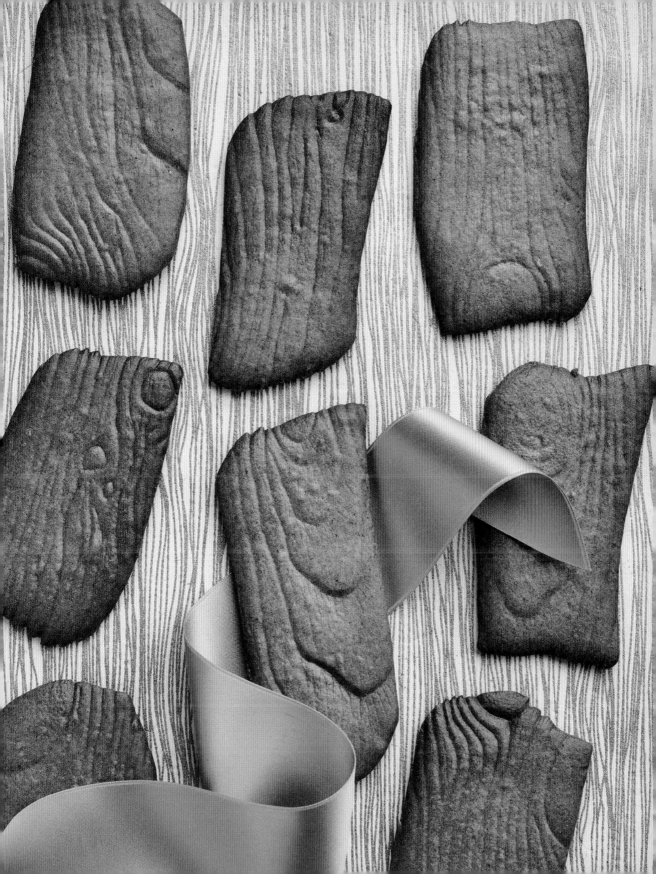

Danish Butter Cookies

덴마크 버터 쿠키

20개 분량

'바닐제크란세vaniljekranse(바닐라 화환)'라고 하는 이 동그란 크리스마스 쿠키는 1840년대 덴마크에서 탄생했습니다. 유럽산 버터가 조금 비싸긴 하지만 유지방 함량이 높아서 부드럽고 풍미가 좋습니다. 덴마크 사람들의 전통을 따라 가염버터를 사용한 레시피입니다.

최상품 가염버터 2스틱(1컵): 실온 상태

슈가파우더 1컵: 체 친 것

바닐라 익스트랙 1작은술

달걀 큰 것 1개: 실온 상태

무표백 중력분 2½컵

---

1. 오븐을 160℃로 예열합니다. 큰 볼에 버터와 설탕을 넣고 전동 믹서를 이용해서 중속으로 3분간 연한 미색이 되고 풍성해질 때까지 휘젓습니다. 바닐라와 달걀을 넣고 고루 저어줍니다. 밀가루 혼합물을 조금씩 넣으면서 가볍게 섞어줍니다. 짤주머니에 지름 1cm의 별 모양 깍지(예: 아테코Ateco #825)를 끼우고 반죽을 넣습니다.

2. 베이킹 시트에 유산지를 깔고 지름 7.3cm의 링 모양을 6cm 간격으로 짭니다. 쿠키의 가장자리가 살짝 노릇노릇해지고 윗면은 밝은 색일 때까지 약 20분 동안 굽습니다. 고르게 구워지도록 중간에 베이킹 시트를 앞뒤로 돌립니다. 베이킹 시트를 식힘망으로 옮겨 완전히 식힙니다(쿠키는 밀폐 용기에 담아 실온에서 3일 동안 보관할 수 있습니다).

TIP

실온 상태로 된 재료로 만들어야 반죽을 쉽게 짤 수 있습니다. 머랭에서 소개했던 팁대로 베이킹 시트 네 꼭짓점에 반죽을 조금씩 붙인 후 유산지를 깔아서 고정시킵니다. 그리고 짤주머니 안에 반죽을 몽땅 다 넣지 마세요. 양이 많지 않아야 조절하며 짜기 쉽습니다.

Pizzelles

피젤

20개 분량

요리 사학자들에 따르면, 바삭바삭한 이탈리아 웨이퍼 쿠키인 피젤pizzelle은 8세기부터 먹었던 세계에서 가장 오래된 쿠키 중 하나라고 합니다. 전용 팬cialde iron에 피젤 반죽을 넣고 그 무늬를 찍어냅니다. 한때는 팬에 가문의 상징을 새겨 맞춤 제작하는 것이 유행이었습니다. 이 레시피에서는 아니스(Anise, 향신료로 쓰는 미나리과 식물-역주)를 넣은 반죽에 예쁜 눈송이 무늬를 찍고 전통대로 슈가파우더를 뿌렸습니다.

아니스 씨 1¼작은술

무표백 중력분 1¼컵

베이킹파우더 ½작은술

굵은소금 ½작은술

달걀 큰 것 2개: 실온 상태

백설탕 ¾컵

바닐라 익스트랙 1작은술

아니스 익스트랙 1작은술

무염버터 5큰술: 녹였다가 식힌 것

슈가파우더: 체 친 것(선택)

---

1. 논스틱 피젤팬을 예열합니다. 작은 무쇠팬에 아니스 씨를 넣고 센 불에서 향이 퍼질 때까지 약 1분간 볶습니다. 볶은 씨를 향신료 그라인더에 담아 한 김 식힌 후 곱게 갑니다. 중간 크기 볼에 옮겨 담고 밀가루, 베이킹파우더, 소금을 넣어 함께 섞습니다.

2. 큰 볼에 달걀과 백설탕을 넣고 섞습니다. 바닐라 익스트랙과 아니스 익스트랙을 넣고 섞습니다. 식힌 버터를 천천히 흘려 넣으며 반죽이 부드러워질 때까지 젓습니다. 밀가루 혼합물에 넣고 날가루가 보이지 않을 때까지만 섞습니다(너무 많이 젓지 마세요).

3. 짤주머니에 지름 1.3㎝의 원형 깍지(예: 아테코Ateco #806)를 끼우고 반죽을 넣습니다. 예열한 피젤팬 홈에 반죽 2작은술을 가운데부터 동그랗게 짭니다. 뚜껑을 닫고 걸쇠로 잠급니다. 황금 갈색이 될 때까지 약

45초 동안 굽습니다.

4. 작은 스패출러로 쿠키를 떠냅니다. 부엌 가위나 지름 11.3㎝의 링 몰드로 가장자리를 잘라 정리합니다(선택). 쿠키를 식힘망으로 옮겨 식힙니다. 남은 반죽으로도 똑같이 반복합니다. 쿠키가 식으면 슈가파우더를 뿌립니다(선택).(쿠키는 밀폐 용기에 담아 실온에서 2주일 동안 보관할 수 있습니다.)

Brown-Butter Honey Cookies

브라운 버터 허니 쿠키

60개 분량

몇 가지만 변형시키면 평범한 쿠키도 특별한 쿠키가 됩니다. 브라운 버터로 고소한 맛을 끌어올리고, 카더멈을 조금 넣어 향을 더합니다. 양각 밀대로 반죽을 밀어 아름다운 무늬를 찍습니다. 밀대의 무늬는 사진에 보이는 바구니도 있고, 꽃이나 발랄한 고양이와 개 등 무척 다양합니다.

무염버터 1스틱(½컵)

무표백 중력분 2¾컵 + 덧가루 조금

카더멈가루 1작은술

굵은소금 ½작은술

눌러 담은 흑설탕 ½컵

백설탕 ¼컵

꿀 ¼컵

헤비크림 2큰술

큰 달걀의 노른자 1개

바닐라 익스트랙 1작은술

---

1. 작은 냄비에 버터를 담고 중불에 올립니다. 냄비를 가끔씩 돌리며 황금 갈색이 될 때까지 3~5분 동안 녹입니다. 이 브라운 버터를 내열 용기로 옮겨 식히며 굳힙니다.

2. 큰 볼에 밀가루, 카더멈, 소금을 넣고 섞습니다. 또 다른 큰 볼에 브라운 버터와 두 가지 설탕을 넣고 전동 믹서를 이용해서 중속으로 3분간 연한 미색이 되고 풍성해질 때까지 휘젓습니다. 꿀, 크림, 달걀노른자, 바닐라를 넣고 1분 이상 골고루 저으며 섞습니다. 믹서를 저속으로 낮추고 밀가루 혼합물을 조금씩 넣으면서 가볍게 섞어줍니다. 반죽을 4등분으로 똑같이 나누고 랩으로 쌉니다.

3. 오븐을 160℃로 예열합니다. 한 번에 반죽 한 덩이씩, 밀가루를 살짝 뿌린 유산지 위에서 0.3㎝ 두께로 밉니다. 양각 밀대로 밀어 무늬를 찍습니다. 7.3㎝의 정

사각형 커터로 자른 뒤 유산지를 깐 베이킹 시트로 옮깁니다. 나머지 반죽으로도 똑같이 반복하고, 자투리 반죽을 뭉쳐 한 번 더 모양을 냅니다. 냉동실에 넣어 약 15분 동안 얼립니다.

4. 차가워진 반죽을 유산지를 새로 깐 베이킹 시트에 2.5㎝ 간격으로 놓습니다. 연한 황금 갈색이 될 때까지 16~18분 동안 굽습니다. 고르게 구워지도록 중간에 베이킹 시트를 앞뒤로 돌립니다. 쿠키를 식힘망으로 옮겨 완전히 식힙니다(쿠키는 밀폐 용기에 담아 실온에서 2주일 동안 보관할 수 있습니다).

스프리츠 쿠키

스프리츠는 기본 바닐라 반죽에서 얼마든지 응용이 가능합니다. 마치 다양한 매력을 내뿜는 팔색조 같아요. 기본 레시피에 향신료를 더하거나 코코아를 조금 넣거나 감귤류 제스트를 넣고 수많은 모양을 만들어내는 틀을 갈아 끼우면 쿠키의 새로운 세계가 펼쳐질 거예요. 그야말로 똑똑한 베이킹이랍니다.

48개 분량

무표백 중력분 3컵

굵은소금 ½작은술

무염버터 2스틱(1컵): 실온 상태

백설탕 1컵

달걀 큰 것 1개: 실온 상태

바닐라 익스트랙 2작은술

감귤 글레이즈 및 바닐라 글레이즈(레시피는 다음 장에 있음)

샌딩슈가: 스프링클용(선택)

1. 큰 볼에 밀가루와 소금을 넣고 섞습니다. 또 다른 큰 볼에 버터와 백설탕을 넣고 전동 믹서를 이용해서 중속과 고속 사이로 3분간 연한 미색이 되고 풍성해질 때까지 휘젓습니다. 달걀과 바닐라를 넣고 고루 저어줍니다. 믹서를 저속으로 낮추고 밀가루 혼합물을 조금씩 넣으면서 가볍게 섞습니다(반죽은 냉장실에 넣어 하룻밤 보관하거나 냉동실에 넣어 1개월 동안 보관할 수 있습니다).

2. 오븐을 175℃로 예열하고 베이킹 시트는 차갑게 만듭니다(166쪽의 팁 참고). 반죽을 짧게 치대어 부드럽게 만듭니다. 쿠키프레스에 반죽을 채우고 만들고자 하는 모양의 틀을 끼웁니다. 차갑게 만든 베이킹 시트 위에 바로 반죽을 짭니다. 쿠키가 단단해질 때까지 12~14분 동안 굽습니다. 쿠키를 식힘망으로 옮겨 완전히 식힙니다.

3. 쿠키를 뒤집어 글레이즈에 담급니다. 샌딩슈가를 뿌립니다(선택). 유산지 위에 올린 식힘망으로 옮겨 10분 동안 굳힙니다(쿠키는 밀폐 용기에 담아 실온에서 5일 동안 보관할 수 있습니다).

감귤 글레이즈

중간 크기 볼에 체 친 슈가파우더 3컵, 갓 짜낸 레몬 또는 오렌지 과즙 ¼컵과 2큰술, 곱게 간 제스트 3작은술, 연한 색 콘시럽 3큰술을 넣고 부드러워질 때까지 젓습니다.

바닐라 글레이즈

중간 크기 볼에 체 친 슈가파우더 3컵, 우유 ¼컵과 2큰술, 연한 색 콘시럽 3큰술, 바닐라 익스트랙 1작은술을 넣고 부드러워질 때까지 젓습니다.

스프리츠 응용하기

초콜릿 반죽

밀가루 ⅓컵을 무가당 더치 프로세스 코코아가루 ⅓컵으로 바꿉니다.

감귤류 반죽

바닐라 익스트랙을 레몬이나 오렌지 제스트 1작은술과 갓 짜낸 과즙 1큰술로 바꿉니다.

향신료 반죽

밀가루 혼합물을 넣는 단계에서 계피가루 1½작은술, 생강가루 ¼작은술, 올스파이스가루 ¼작은술, 신선하게 간 후춧가루 ¼작은술을 추가합니다.

스프리츠 팁

- 베이킹 시트를 차갑게 만들고 유산지를 깔지 않고 기름칠을 하지 않아야 쿠키가 제 모양을 유지합니다. 즉 굽는 동안 쿠키가 퍼지지 않습니다.

- 버터가 실온에서 부드러운 상태가 되었는지 확인하세요. 반죽이 쿠키프레스를 통해 나오려면 매우 부드럽고 말랑해야 합니다.

- 가볍고 바삭바삭한 쿠키를 만들기 위해서는 버터 혼합물을 제대로 크림화하고 (달걀을 넣기 전과 넣은 후 모두), 밀가루를 첨가한 후에 과도하게 섞지 않아야 합니다.

- 모양틀을 끼운 쿠키프레스가 아름다운 모양을 내는 비밀 도구입니다. 쿠키프레스에 반죽을 채우고 베이킹 시트 위에 수직으로 세운 후 모양틀 구멍 사이로 반죽이 밀려나오도록 누릅니다. 언제든지 모양틀을 바꿔 끼우면 다른 모양을 낼 수 있습니다.

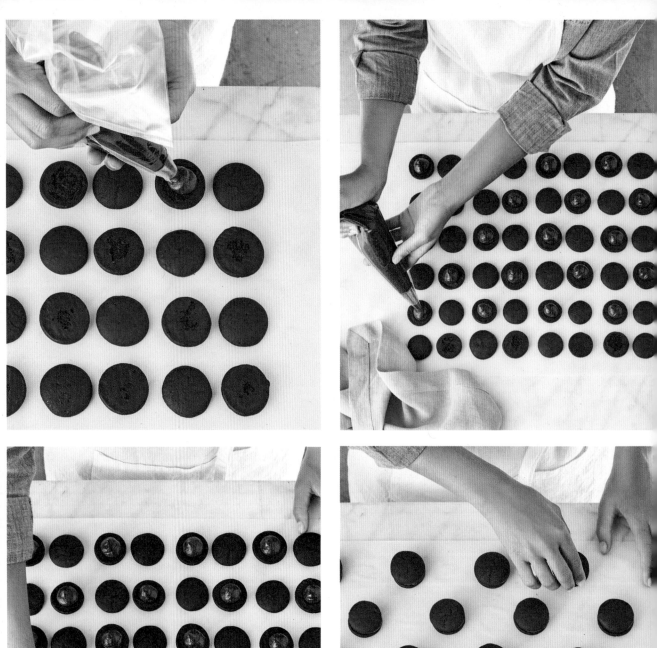

6

또 다른
이름의 쿠키

퍼피 우피파이, 쫄깃한 퍼지 브라우니, 과일 가득한 바,
그리고 고급 초콜릿 트러플 등 부르고 싶은 대로 불러도 됩니다.
최고의 달콤한 쿠키라는 사실은 변함이 없으니까요.

Mini Chocolate Whoopie Pies

미니 초콜릿 우피파이

32개 분량

메인에서 매사추세츠, 펜실베이니아 더치 컨트리까지 우피파이가 어디에서 처음 생겨났는지에 대한 의견이 분분합니다. 그 기원이 어디든 크림을 채운 이 푹신한 케이크 샌드위치는 디저트 애호가들의 마음에 (그리고 도시락 한편에) 자리하고 있습니다. 무수히 다양한 형태로 응용할 수 있는데, 이 레시피에서는 크기를 줄이고 초콜릿을 늘렸습니다.

쿠키

무표백 중력분 1¾컵

무가당 더치 프로세스 코코아가루 ¾컵

베이킹소다 1½작은술

굵은소금 ½작은술

무염버터 4큰술(¼컵): 실온 상태

백설탕 ½컵

눌러 담은 흑설탕 ½컵

달걀 큰 것 1개: 실온 상태

우유 1컵

바닐라 익스트랙 1작은술

휘핑 가나슈

세미스위트 또는 비터스위트 초콜릿 226g

헤비크림 1컵

굵은소금 ⅛작은술

1. 쿠키 만들기: 오븐을 190℃로 예열합니다. 중간 크기 볼에 밀가루, 코코아, 베이킹소다, 소금을 넣고 섞습니다. 또 다른 중간 크기 볼에 버터와 두 가지 설탕을 넣고 전동 믹서를 이용해서 고속으로 약 3분간 부드러워질 때까지 휘젓습니다. 달걀을 넣고 약 3분간 연한 미색이 되고 풍성해질 때까지 젓습니다.

2. 믹서를 저속으로 낮추고 밀가루 혼합물을 두 번에 나눠 우유, 바닐라와 번갈아 가며 넣습니다. 밀가루부터 넣기 시작해서 밀가루를 넣는 것으로 마무리합니다. 가볍게 섞습니다.

3. 짤주머니에 지름 1.3㎝의 원형 깍지(예: 아테코Ateco #806)를 끼우고 반죽을 넣습니다. 유산지를 깐 베이킹 시트에 쿠키 하나당 약 2작은술의 반죽을 짜서 6㎝ 간격으로 놓습니다. 쿠키를 살짝 눌러보아 되돌아오는 상태가 될 때까지 12~14분 동안 굽습니다. 고르게 구워지도록 중간에 베이킹 시트를 앞뒤로 돌립니

다. 베이킹 시트를 식힘망으로 옮겨 완전히 식힙니다.

4. 휘핑 가나슈 만들기: 빵칼로 초콜릿을 굵게 자르고 큰 내열 용기에 담습니다. 작은 냄비에 크림을 담고 중불과 강불 사이에서 살짝 끓입니다. 초콜릿 위에 붓고 소금을 넣습니다. 10분 동안 그대로 두었다가 젓습니다. 가끔씩 저어주며 45~60분 동안 식힙니다. 전동 믹서를 이용해서 중속과 고속 사이로 가나슈가 연한 미색이 되고 풍성해질 때까지 2~4분 동안 섞습니다.

5. 짤주머니에 지름 1.3㎝의 원형 깍지를 끼우고 휘핑한 가나슈를 넣습니다. 절반의 쿠키의 납작한 면에 가나슈를(하나당 2~2½작은술) 짭니다. 나머지 쿠키를 샌드위치처럼 덮고 살짝 누릅니다(우피파이는 밀폐 용기에 담아 냉장실에서 3일 동안 보관할 수 있습니다).

Lemon-Date Bars
레몬-대추야자 바

24개 분량

메드줄Medjool은 다른 대추 품종들보다 크기, 즙, 단맛이 월등해서 '대추의 왕'으로 불립니다. 특별히 구해서 사용해볼 만한 재료입니다. 메드줄의 캐러멜 맛이 시큼한 레몬 바와 잘 어우러지는데, 레몬 바는 파티시에 겸 요리책 저자인 마이다 히터Maida Heatter에게 영감을 받은 것입니다. 크러스트가 노릇노릇하게 변하고 레몬 필링을 넣은 후 오븐 온도를 낮추면 크러스트를 태우지 않고 완성할 수 있습니다.

크러스트

무염버터 1½스틱(¾컵): 잘게 자르고 실온 상태 + 베이킹 그릇에 칠할 용도 조금

무표백 중력분 1¾컵

슈가파우더 ¾컵: 체 친 것 + 덧가루 조금

굵은소금 1작은술

필링

대추야자 226g: 씨 제거한 것

끓는 물 1컵

백설탕 1¼컵

무표백 중력분 ¼컵

굵은소금 ¾작은술

달걀 큰 것 4개

곱게 간 레몬제스트 1큰술과 갓 짜낸 레몬즙 ¾컵(레몬 4~5개 분량)

1. **크러스트 만들기:** 오븐을 175℃로 예열합니다. 베이킹팬(23㎝x33㎝ 크기)에 버터를 바릅니다. 유산지를 깔고 유산지의 긴 모서리 두 곳을 6㎝ 정도 길게 빼서 팬 바깥으로 넘깁니다. 유산지에 버터를 바릅니다. 큰 볼에 밀가루, 슈가파우더, 소금을 넣고 섞습니다. 버터를 넣고 손가락으로 조물조물 섞습니다. 반죽을 집어봤을 때 뭉치면 잘된 것입니다. 준비된 팬의 바닥에 넣고 평평하게 누릅니다. 15분 동안 얼립니다. 크러스트가 연한 황금빛 갈색이 될 때까지 20~25분 동안 굽습니다.

2. **필링 만들기:** 내열 용기에 끓는 물을 담고 대추야자를 15분 동안 담급니다. 물을 따라내고 따로 보관합니다. 푸드프로세서에 대추야자와 대추물 약 ½컵을 넣고 갈아서 펴 바를 수 있는 농도로 퓌레(약 1¼컵)를 만듭니다.

3. 대추야자를 담가둔 동안 중간 크기 볼에 백설탕, 밀가루, 소금을 넣고 섞습니다. 달걀을 넣고 레몬제스트와 레몬즙을 넣어 휘젓습니다.

4. 구운 크러스트 위에 대추야자 페이스트를 고르게 펴 바릅니다. 오븐에 다시 넣고 4분 동안 굽습니다. 온도를 160℃로 낮추고 레몬필링을 대추야자 페이스트 위에 부은 다음 20분 정도 더 굽습니다. 식힘망으로 옮겨 20분 동안 식힙니다. 과도로 가장자리를 정리하고 유산지 채 바를 들어 올립니다. 완전히 식힌 후 슈가파우더를 뿌립니다. 정사각형으로 자릅니다(바는 밀폐용기에 담아 냉장실에서 3일 동안 보관할 수 있습니다).

Chocolate Chip Cookie Brownies

초콜릿칩 쿠키 브라우니

16개 분량

쿠키와 브라우니 사이에서 무엇을 골라야 할지 모르겠다면 한 팬에서 둘 다 만들어보는 건 어떨까요? 2개의 이름을 합쳐 '브루키'라고 해요. 브라우니 반죽 위에 스트로이젤을 뿌리고 퍼지 반죽과 함께 구워서 대조되는 질감을 표현했습니다.

쿠키 반죽

무염버터 1스틱(½컵): 실온 상태 + 팬에 칠할 용도 조금

무표백 중력분 1¾컵

베이킹소다 ½작은술

베이킹파우더 ½작은술

굵은소금 ¾작은술

눌러 담은 황설탕 ½컵

백설탕 ½컵

달걀 큰 것 1개: 실온 상태

바닐라 익스트랙 1작은술

비터스위트 초콜릿 170g: 잘게 썬 것

브라우니 반죽

무염버터 1스틱(½컵): 굵게 썬 것

비터스위트 초콜릿 170g: 굵게 다진 것

백설탕 1½컵

달걀 큰 것 3개: 실온 상태

무가당 더치 프로세스 코코아가루 ¼컵

굵은소금 ½작은술

무표백 중력분 ½컵과 2 큰술

---

1. 쿠키 반죽 만들기: 오븐을 175℃로 예열합니다. 베이킹 팬(23cm×33cm 크기)에 버터를 바릅니다. 유산지를 깔고 유산지의 긴 모서리 두 곳을 6cm 정도 길게 빼서 팬 바깥으로 넘깁니다. 중간 크기 볼에 밀가루, 베이킹소다, 베이킹파우더, 소금을 넣고 섞습니다.

2. 큰 볼에 버터와 두 가지 설탕을 넣고 전동 믹서를 이용해서 중속과 고속 사이로 약 5분간 연한 미색이 되고 풍성해질 때까지 휘젓습니다. 믹서를 중저속으로 낮추고 달걀과 바닐라를 고루 저어줍니다. 믹서를 저속으로 낮추고 밀가루 혼합물을 조금씩 넣으면서 가볍게 섞어줍니다. 초콜릿을 넣고 젓습니다.

3. 브라우니 반죽 만들기: 중간 크기의 내열 용기에 버터와 초콜릿을 넣고 중탕으로 부드럽게 녹입니다. 불을 끄고 백설탕을 넣고 젓습니다. 달걀을 한 번에 하나씩 넣으며 섞습니다. 코코아가루와 소금을 넣고 젓습니다. 밀가루에 넣고 섞어줍니다.

4. 준비한 팬에 브라우니 반죽을 붓고 오프셋 스패출러로 윗면을 평평하게 고릅니다. 이 위에 쿠키 반죽을 바스러뜨려 골고루 뿌립니다. 유산지로 덮고 약 20분 동안 굽습니다. 유산지를 벗긴 후 황금 갈색이 되고 케이크 테스터로 가운데를(초콜릿 덩어리를 피해) 찔러보아 촉촉한 부스러기가 묻어나올 때까지 27~30분 이상 굽습니다. 팬을 식힘망으로 옮겨 완전히 식힙니다. 유산지 채 브라우니를 들어 올려 꺼내고 16개의 정사각형으로 자릅니다(브라우니는 밀폐 용기에 담아 실온에서 3일 동안 보관할 수 있습니다).

Goose Feet

거위 발

14개 분량

러시아에서 온 이 페이스트리 쿠키는 접힌 모양이 물갈퀴와 비슷하다고 해서 '거위 발gusinie lapki'이라는 이름이 붙었습니다. 오렌지제스트와 바닐라빈으로 맛을 내고, 러시아의 인기 재료인 파머치즈farmer cheese를 넣어 가볍고 얇은 질감을 만듭니다. 젖소의 우유로 만든 파머치즈는 짭조름하면서 새콤한 맛이 납니다. 구하기 힘들면 코티지치즈cottage cheese로 대체합니다.

무표백 중력분 1¾컵 + 덧가루 조금

베이킹파우더 1작은술

굵은소금 ½작은술

신선한 파머치즈 1컵

무염버터 1스틱(½컵): 실온 상태

바닐라빈 1개: 길게 갈라 긁어낸 씨

오렌지제스트 1큰술: 곱게 갈아 수북이 뜬 것(오렌지 1개 분량)

백설탕 ⅓컵

달걀 큰 것 1개: 가볍게 푼 것

굵은 샌딩슈가: 스프링클용

---

1. 중간 크기 볼에 밀가루, 베이킹파우더, 소금을 넣고 섞습니다. 다른 큰 볼에 치즈, 버터, 바닐라, 오렌지제스트를 넣고 나무 숟가락으로 잘 섞습니다. 치즈 혼합물에 밀가루 혼합물을 넣고 굵은 빵가루처럼 될 때까지 섞습니다. 반죽을 랩 위에 올려놓고 원반 모양으로 빚은 뒤 단단히 쌉니다. 냉장실에 1시간 동안 넣어둡니다.

2. 오븐을 175℃로 예열합니다. 밀가루를 살짝 뿌린 조리대 위에 반죽을 올리고 0.3㎝의 두께로 밉니다. 지름 10㎝의 원형 커터로 둥글게 잘라냅니다. 자투리 반죽을 뭉쳐 다시 밀고 더 잘라냅니다.

3. 넓고 얕은 그릇에 백설탕을 담습니다. 한 번에 둥근 반죽 하나씩, 붓으로 물을 바르고 백설탕에 담가 코팅합니다. 설탕을 감싸며 반으로 접고 다시 반으로 접습니다. 유산지를 깐 2개의 베이킹 시트에 쿠키를 옮깁니다. 윗면에 달걀물을 바르고 굵은 샌딩슈가를 뿌립니다.

4. 노릇노릇해질 때까지 25~30분 동안 굽습니다. 고르게 구워지도록 중간에 베이킹 시트를 앞뒤로 돌립니다. 베이킹 시트를 식힘망으로 옮겨 완전히 식힙니다(구운 당일 먹는 것이 가장 맛있습니다).

Plum-and-Blackberry Cornmeal-Almond Crumb Bars

자두-블랙베리 옥수수가루-아몬드 크럼 바

12개 분량

크럼 바에는 제철 과일이 풍성하게 들어가 여름 느낌이 물씬 납니다. 가장 적당한 식감을 내기 위해서는 적절한 과일을 고르는 것이 중요합니다. 잘 익은 자두는 과즙이 많고 씹는 맛이 덜하니 수분 함량이 낮고 단단한 자두를 고릅니다. 예를 들어 노란색 과육인 이탈리아 푸른 플럼에 핵과류 또는 베리류를 섞습니다. 통통하고 달콤한 블랙베리가 좋습니다. 만약 블랙베리를 맛보 았는데 시고 맛이 없으면 블루베리로 대체합니다.

크러스트

무염버터 1스틱(½컵)과 5 큰술: 실온 상태 + 팬에 바 를 용도 조금

무표백 중력분 1¾컵

굵은 입자의 옥수수가 루 ¼컵

굵은소금 ¾작은술

설탕 1컵

껍질 벗긴 아몬드 ¼컵: 구 운 후(248쪽 참고) 굵게 다진 것

필링

자두 340g(약 6개): 이탈 리아 푸룬 선호, 1.3㎝ 크 기의 정육면체로 자른 것 (1¾컵)

신선한 블랙베리 1컵 (113g)

설탕 ⅔컵 (아주 단 자두를 골랐다면 ½컵)

무표백 중력분 3큰술

갓 짜낸 레몬즙 1작은술

후춧가루 ¼작은술: 신선 하게 간 것

굵은소금 ¼작은술

3컵을 눌러 담고 옆면도 2.5㎝ 올립니다. 나머지 반죽 에 다진 아몬드를 넣고 섞습니다.

3. **필링 만들기**: 자두, 블랙베리, 설탕, 밀가루, 레몬즙, 후 추, 소금을 넣고 섞습니다. 크러스트에 붓습니다. 남은 크러스트 혼합물을 뭉쳐 윗면에 부스러뜨립니다. 쿠 키 가운데에 거품이 일고 크러스트가 황금색이 될 때 까지 1시간~1시간 10분 동안 굽습니다(만약 너무 빨 리 갈색으로 변하면 50분이 지난 후부터 쿠킹호일을 덮 습니다). 1시간 동안 식힙니다. 유산지 채 바를 들어 올 려 2시간 정도 완전히 식힙니다. 12개의 정사각형으 로 자릅니다(바는 밀폐 용기에 담아 냉장실에서 3일 동 안 보관할 수 있습니다).

1. **크러스트 만들기**: 오븐을 190℃로 예열합니다. 베이킹 팬(23㎝×33㎝ 크기)에 버터를 바릅니다. 유산지를 깔 고 유산지의 긴 모서리 두 곳을 6㎝ 정도 길게 빼서 팬 바깥으로 넘깁니다. 유산지에 버터를 바릅니다. 중간 크기 볼에 밀가루, 옥수수가루, 소금을 넣고 섞습니다.

2. 큰 볼에 버터와 설탕을 넣고 전동 믹서를 이용해서 중 속과 고속 사이로 3분간 연한 미색이 되고 풍성해질 때까지 휘젓습니다. 볼의 옆면을 훑어 내려줍니다. 믹 서를 저속으로 낮추고 밀가루 혼합물을 조금씩 넣습 니다. 밀가루가 덩어리지지만 완전히 한 덩어리로 뭉 치지 않을 때까지 섞습니다. 준비한 팬의 바닥에 반죽

Triple-Chocolate Brownie Cups

트리플-초콜릿 브라우니 컵

6개 분량

얇은 종이 베이킹컵 안에 담겨 먹기 간편하고 쿠키 같기도 한 브라우니입니다. 브라우니에 기대하는 것들이 다 들어 있습니다. 비터스위트 초콜릿에 두 가지 초콜릿칩을 깜짝 놀랄 만큼 한가득 넣었지요. 정사각형으로 만들려면 베이킹컵 대신 20㎝짜리 정사각형 팬에 유산지를 깔고 버터를 바른 후 반죽을 넣고 35~40분 동안 굽습니다. 3.8㎝ 정사각형으로 자릅니다.

무염버터 1스틱(½컵): 큰 조각으로 자른 것

비터스위트 초콜릿170g: 굵게 다진 것(1컵)

설탕 1½컵

달걀 큰 것 3개

무가당 코코아가루 ¼컵

굵은소금 ½작은술

무표백 중력분 ½컵과 2큰술

밀크 초콜릿칩 1컵(170g)

화이트 초콜릿칩 1컵(170g)

---

1. 오븐을 150℃로 예열합니다. 베이킹 시트에 지름 10㎝ 의 얇은 종이 베이킹컵을 6개 놓습니다. 내열 용기에 버터와 비터스위트 초콜릿을 넣고 중탕으로 저으며 녹입니다. 불을 끈 후 설탕을 넣고 젓습니다. 달걀을 한 번에 하나씩 넣고 젓습니다. 코코아가루와 소금을 넣고 젓습니다. 밀가루를 넣은 후 두 가지 초콜릿칩을 넣고 섞습니다.

2. 반죽을 컵의 ¾만큼 채웁니다. 반죽이 단단해지고 케이크 테스터로 가운데를 찔러보아 촉촉한 부스러기가 살짝 묻어나올 때까지 30~35분 동안 굽습니다. 식힘 망으로 옮겨 완전히 식힙니다(브라우니는 밀폐 용기에 담아 실온에서 3일 동안 보관할 수 있습니다).

TIP

견과류를 추가할 경우 반죽에 초콜릿칩을 넣는 단계에서 다진 호두나 다진 피칸 ½컵을 넣고 섞습니다.

Cookie Perfection

No-Bake Chocolate Truffles

노-베이크 초콜릿 트러플

70개 분량

어쩌면 쿠키보다는 사탕 같을 수도 있어요. 아무튼 쿠키 쟁반 한가득 이런 트러플이 놓여 있는데 마다할 사람이 있을까요? 저도 이 작은 초콜릿 구슬의 매력에 빠졌답니다. 게다가 만드는 시간도 얼마 걸리지 않아요. 가나슈를 휘젓고 차갑게 만든 후 스쿱으로 뜨면 끝. 스프링클이나 곱게 다진 견과류에 굴려 마무리합니다. 또는 사진처럼 여러 가지 색깔의 무가당 코코아가루에 굴려 톤온톤으로 배열해도 좋습니다.

다크 초콜릿, 세미스위트 초콜릿 또는 두 가지를 섞은 것 453g: 잘게 다진 것

헤비크림 1⅔컵

바닐라 익스트랙 1작은술

굵은소금 ½작은술

무가당 코코아가루: 굴릴 용도

---

1. 중간 크기 내열 용기에 초콜릿을 담습니다. 작은 냄비를 중불과 강불 사이에 올리고 크림을 담습니다. 크림이 끓기 시작하면 바로 초콜릿 위에 붓습니다. 이 초콜릿 혼합물 위에 랩을 밀착시켜 덮고 10분 정도 그대로 둡니다. 랩을 벗기고 초콜릿 혼합물이 부드러워질 때까지 젓습니다. 바닐라와 소금을 넣고 섞습니다. 지름 23㎝ 파이접시에 붓고 15분 동안 식힙니다. 랩을 씌운 다음 냉장실에 넣어 약 3시간 동안 완전히 식힙니다.

2. 지름 1.5㎝의 멜론 스쿱이나 숟가락으로 초콜릿 혼합물을 떠서 유산지 위에 놓습니다. 손에 코코아가루를 묻혀 공 모양으로 빚습니다. 유산지를 깐 베이킹 시트 위에 놓습니다. 냉장실에 넣어 15분 동안 굳힙니다. 먹거나 포장하기 전 코코아가루에 한 번 더 굴립니다(트러플은 랩을 씌워 냉장실에서 2주일 동안 보관할 수 있습니다).

TIP

옴브레 효과를 내기 위해서 트러플을 여러 브랜드의 다양한 색상을 지닌 무가당 코코아가루에 굴렸습니다.

No-Bake Chocolate-Peanut Butter Cup Bars

노-베이크 초콜릿-땅콩버터 컵 바

6㎝ 정사각형 16개 분량

전통 땅콩버터 컵과 자매처럼 닮았지만 더 세련되고 멋집니다. 소용돌이 하트를 디자인하려면 초콜릿 표면 한 지점에 땅콩버터 혼합물 한 숟가락을 떨어뜨리고 꼬치나 이쑤시개로 끌면 됩니다(더 추상적으로 디자인하려면 195쪽의 '살구 치즈케이크 바'를 참고하세요). 입 안에서 살살 녹는 맛을 원하면 묵직한 천연 땅콩버터 말고 마트에서 흔히 파는 부드러운 땅콩버터를 사용하면 됩니다.

스프레이 식물성 오일

크리미한 땅콩버터 453g(1¾컵)

무염버터 1스틱(½컵)과 6큰술: 녹인 것

바닐라 익스트랙 1작은술

슈가파우더 2컵: 체 친 것

세미스위트 또는 비터스위트 초콜릿 170g: 자른 것

---

1. 20㎝ 정사각형 베이킹팬의 바닥과 옆면에 스프레이 식용유를 뿌립니다. 바닥에 유산지를 깔고 유산지의 옆 면 두 곳을 6㎝ 정도 길게 빼서 팬 바깥으로 넘깁니다. 큰 볼에 땅콩버터 1½컵, 버터 1스틱(½컵), 바닐라를 넣고 부드러워질 때까지 젓습니다. 슈가파우더를 한 번에 ½컵씩 넣고 부드러워질 때까지 젓습니다. 준비한 팬으로 옮겨서 손으로 납작하게 누르고 윗면을 평평하게 고릅니다(만약 반죽이 너무 끈적이면 손에 물을 살짝 묻히세요).

2. 내열 용기에 초콜릿과 버터 4큰술을 넣고 끓는 물에 중탕합니다. 고무 스패출러로 초콜릿이 부드럽게 녹을 때까지 젓습니다. 불을 끄고 살살 저으면서 3분간 식힙니다. 초콜릿을 베이킹팬에 있는 땅콩버터 혼합물 위에 붓습니다. 팬을 이리저리 기울여서 초콜릿을 평평하게 펴뜨립니다.

3. 작은 볼에 남은 버터 2큰술과 남은 땅콩버터 ¼컵을 넣고 부드러워질 때까지 젓습니다. 살짝 뻑뻑해질 때까지 약 5분 동안 그대로 둡니다. 작은술의 ¼~¾만큼 떠서 초콜릿 위에 2.5㎝ 간격으로 떨어뜨립니다. 나무

꼬치나 이쑤시개 끝으로 각 동그라미의 중앙을 빠르게 통과시켜 하트 모양을 만듭니다. 냉장실에 넣어 4시간 이상 굳힙니다.

4. 유산지를 대지 않은 두 옆면을 과도로 훑으며 지나갑니다. 유산지 채 들어낸 후 6㎝ 정사각형으로 자릅니다(바는 밀폐 용기에 넣어 냉장실에서 5일 동안 보관할 수 있습니다).

솔티드 캐러멜 우피파이

10개 분량

이 우피파이 안에는 달콤한 맛, 매콤한 맛, 짭짤한 맛이 모두 있습니다. 계피와 올스파이스 향이 감돌고 캐러멜 가득한 버터크림이 중심을 잡아줍니다. 테두리에 붙은 분홍소금이 단맛을 조절하고 각각의 맛을 강화하면서 모두를 하나로 묶습니다.

무표백 중력분 2½컵

베이킹파우더 2작은술

굵은소금 ¾작은술

계피가루 1작은술

올스파이스가루 ¼작은술

우유 1컵

바닐라 익스트랙 1작은술

무염버터 5큰술: 실온 상태

백설탕 ½컵

눌러 담은 황설탕 ½컵

달걀 큰 것 1개: 실온 상태

캐러멜 버터크림(245쪽)

히말라야 분홍소금 ¾ 작은술

굵은 샌딩슈가 2큰술

---

1. 오븐을 190℃로 예열합니다. 중간 크기 볼에 밀가루, 베이킹파우더, 굵은소금, 계피, 올스파이스를 넣고 섞습니다. 또 다른 중간 크기 볼에 우유와 바닐라를 넣고 젓습니다.

2. 큰 볼에 버터, 백설탕, 황설탕을 넣고 전동 믹서를 이용해서 고속으로 약 3분간 부드러워질 때까지 휘젓습니다. 달걀을 넣고 약 2분간 연한 미색이 될 때까지 휘젓습니다. 믹서를 저속으로 낮추고 밀가루 혼합물을 두 번에 나눠 우유 혼합물과 번갈아가며 넣습니다. 믹서를 중속과 고속 사이로 높이고 약 10초 동안 섞어줍니다. 짤주머니에 지름 1.5㎝의 원형 깍지(예: 아테코 Ateco #808)를 끼우고 반죽을 넣습니다.

3. 유산지를 깐 베이킹 시트 3개에 지름 7.3㎝의 반죽을 7.5㎝ 간격으로 놓습니다(시트 한 판당 8개를 넘지 않도록). 쿠키를 살짝 눌러보아 모양이 되돌아올 때까지 12~14분 동안 굽습니다. 고르게 구워지도록 중간에 베이킹 시트를 앞뒤로 돌립니다. 베이킹 시트를 식힘망으로 옮겨 완전히 식힙니다.

4. 짤주머니에 지름 1.5㎝의 원형 깍지를 끼우고 버터크림을 담습니다. 절반의 쿠키의 평평한 면에 버터크림 2큰술을 짜고 나머지 절반의 쿠키를 샌드위치처럼 덮어 누릅니다. 냉장실에 넣어 30분 동안 굳힙니다.

5. 작은 볼에 분홍소금, 샌딩슈가를 섞고 가장자리를 굴립니다(우피파이는 밀폐 용기에 담아 냉장실에서 3일 동안 보관할 수 있습니다).

Walnut-and-Honey Baklava

호두-꿀 바클라바

40조각

버터층이 여러 겹 쌓인 필로 반죽에 호두 필링을 채우고 달콤한 시럽을 뿌린 바클라바는 그리스에서 특별한 날에 먹는 최고의 디저트입니다. 바클라바는 한입 크기의 예쁜 패턴으로 잘라 쿠키처럼 먹을 수 있습니다. 그리스 꿀은 진하고 향이 좋아 구해서 사용해보면 좋을 거예요. 그리스 요리사들은 버터가 아니라 올리브유를 사용하는데, 버터가 귀해서 비쌌던 시절부터 이어온 관습 때문입니다.

호두 반쪽 4컵

계피가루 1½작은술

설탕 1¾컵

꿀 ½컵: 그리스 꿀 선호

무염버터 2½스틱(1¼컵): 녹인 것 + 붓으로 바를 용도

필로 28장(680g 포장된 것): 언 상태라면 녹일 것

---

1. 오븐을 190℃로 예열합니다. 푸드프로세서에 호두, 계피, 설탕 ½컵을 넣고 짧게 끊어가며 곱게 갑니다.

2. 냄비를 중불과 강불 사이에 올리고 물 1컵과 남은 설탕 1¼컵을 끓입니다. 끓기 시작하면 바로 불을 줄이고 살짝 뻑뻑해지고 설탕이 녹을 때까지 3~5분 동안 끓입니다. 불을 끄고 꿀을 넣어 젓습니다. 시럽을 완전히 식힙니다.

3. 지름 30㎝, 높이 6㎝의 원형 팬에 버터를 바릅니다. 필로 시트를 1장씩 지름 33㎝의 원형으로 자릅니다(자르는 동안 나머지 필로는 랩이나 젖은 수건으로 덮어놓으세요). 필로 시트 7장의 사이마다 버터를 바르며 쌓습니다(가장자리가 가운데보다 먼저 마르기 때문에 버터를 붓에 찍어 가장자리부터 바르기 시작합니다). 견과류 혼합물의 ⅓을 윗면에 뿌립니다. 다시 필로 시트 7장의 사이마다 버터를 바르며 쌓습니다. 이 과정을 두 번 더 반복한 후, 마지막 필로 시트 7장의 사이마다 버터를 바르며 덮습니다.

4. 버터를 윗면에 넉넉하게 바릅니다. 아주 얇고 날카로운 칼로(뼈 바르는 칼 등) 맨 밑의 필로층까지 가르며 바클라바를 4등분합니다. 다시 4등분을 하여 8개의 똑같은 부채꼴을 만듭니다. 한 번에 한 조각씩, 부채꼴의 한쪽 변과 평행하게 2개의 직선을 2.5㎝ 너비로 긋습니다. 이번에는 다른 쪽 변과 평행하게 2개의 선을 더 그어서 다이아몬드 패턴을 만듭니다.

5. 진한 황금 갈색이 될 때까지 35~40분 동안 굽습니다. 오븐에서 꺼낸 바클라바 위에 시럽을 뿌립니다. 먹기 전 완전히 식힙니다(바클라바는 밀폐 용기에 담아 실온에서 3일 또는 냉장실에서 2주일 동안 보관할 수 있습니다).

TIP

필로를 만질 때는 손에 물기가 없어야 합니다. 반죽이 젖으면 끈적거려 다루기 힘듭니다.

Brown-Butter Coconut-Cashew Blondies

브라운 버터 코코넛-캐슈 블론디

12개 분량

아무리 브라우니의 열렬한 팬이라 해도 이 블론디를 먹어보면 먹는 재미에서 더 높은 점수를 줄 것 같아요. 고소한 갈색 버터와 황설탕이 깊은 맛을 내고, 캐슈와 코코넛이 반죽에 입체감을 더하면서 울퉁불퉁 바삭한 표면을 만듭니다.

무염버터 1¼컵(2½스틱) + 팬에 바를 용도 조금

무표백 중력분 2¼컵 + 팬에 바를 용도 조금

눌러 담은 황설탕 2컵

백설탕 ½컵

달걀 큰 것 3개

바닐라 익스트랙 2½작은술

베이킹파우더 1½작은술

굵은소금 1½작은술

구운 캐슈 1컵(248쪽 참고) + 반으로 자른 캐슈 ½컵

가당 코코넛 채 2컵: 구운 것(팁 참고)

무가당 코코넛 플레이크 ½컵

---

1. 오븐을 175℃로 예열합니다. 23㎝×33㎝ 크기의 베이킹팬에 버터를 바릅니다. 유산지를 깔고 유산지의 긴 모서리 두 곳을 6㎝ 정도 길게 빼서 팬 바깥으로 넘깁니다. 유산지에 버터를 바르고 밀가루를 뿌립니다.

2. 작은 냄비를 중약 불에 올리고 버터를 넣습니다. 황금 갈색이 되고 향이 퍼질 때까지 약 8분 동안 저으면서 녹입니다. 큰 볼에 옮긴 뒤 식힙니다. 두 가지 설탕을 넣고 섞습니다. 달걀과 바닐라를 넣고 섞습니다. 밀가루, 베이킹파우더, 소금, 구운 캐슈, 코코넛 채를 넣고 골고루 섞어줍니다. 준비된 팬에 반죽을 붓고 오프셋 스패출러로 윗면을 평평하게 고릅니다. 반을 나눈 캐슈와 코코넛 플레이크를 윗면에 골고루 뿌립니다.

3. 케이크 테스터로 가운데를 찔러보아 깨끗하게 나올 때까지 35~40분 동안 굽습니다. 만약 토핑만 너무 빨리 구워지면 중간에 쿠킹호일로 덮어줍니다. 식힘망

으로 옮겨 식힙니다. 유산지 채 블론디를 들어 올리고 식힘망에 올려 완전히 식힙니다. 도마로 옮겨 7.5㎝의 정사각형으로 자릅니다(블론디는 밀폐 용기에 담아 실온에서 3일 동안 보관할 수 있습니다).

TIP

코코넛 굽기: 베이킹 시트에 한 층으로 펼쳐놓고 175℃ 오븐에서 황금색이 될 때까지 9~10분 동안 굽습니다. 중간에 한 번 꺼내 뒤적입니다. 완전히 식힙니다.

Papillons

파피용

28개 분량

파피용(프랑스어로 '나비')은 이름에 걸맞게 고운 '날개' 모양입니다. 재료는 설탕과 여러 겹의 얇은 퍼프 페이스트리pâte feuilletée 반죽만 있으면 됩니다. 부드러운 질감에 캐러멜화된 맛으로 저 역시 좋아하는 쿠키예요. 퍼프 페이스트리의 버터 함량이 파피용 맛을 좌우하는 열쇠이므로 오일로 만든 페이스트리는 피하는 것이 좋습니다.

설탕 1컵 + 뿌리고 담글 용도 조금

냉동 퍼프 페이스트리 453g(버터로만 만든 것 선호): 녹인 것

1. 조리대 위에 설탕 ½컵을 뿌리고 퍼프 페이스트리를 올려놓습니다. 남은 설탕 ½컵을 골고루 뿌린 후 살짝 눌러 고정시킵니다. 크기 30㎝×40㎝, 두께 0.3㎝의 직사각형 모양으로 밉니다.

2. 페이스트리의 긴 변을 조리대 모서리와 평행하게 놓습니다. 한쪽 긴 변을 중앙을 향해 길게 접고, 맞은편 긴 변도 중앙을 향해 겹치지 않게 접습니다. 설탕 2큰술을 살살 뿌립니다. 짧은 변도 맞은편 짧은 변과 맞닿게 접습니다. 설탕 1큰술을 뿌립니다. 마지막으로 긴 변이 맞은편 긴 변과 닿도록 반 접습니다. 설탕 1큰술을 뿌려 코팅합니다. 손으로 반죽을 꾹꾹 누른 후 랩으로 단단히 쌉니다. 냉장실에서 1시간 이상 또는 하룻밤 동안 휴지시킵니다.

3. 오븐을 232℃로 예열합니다. 베이킹 시트 두 판에 물을 뿌립니다. 얕은 볼에 설탕을 담습니다. 차갑게 만든 반죽의 양 끝을 잘라서 정리한 후 1.9㎝ 두께로 썹니다. 자른 단면을 설탕에 찍은 후 베이킹 시트에 7.5㎝ 간격으로 놓습니다.

4. 설탕이 캐러멜화되고 황금색으로 변할 때까지 10~12분 동안 굽습니다. 넓은 스패출러로 하나씩 조심스럽게 뒤집습니다. 골고루 익도록 베이킹 시트를 앞뒤로 돌려서 넣고, 진한 황금 갈색이 될 때까지 6분간 더 굽습니다. 파피용을 식힘망으로 옮겨 완전히 식힙니

다. 남은 조각으로도 똑같이 반복합니다(파피용은 구운 당일 먹는 것이 가장 맛있습니다. 유산지를 사이에 끼우고 밀폐 용기에 담아 실온에서 3일 동안 보관할 수 있습니다).

TIP

베이킹 시트에 물을 뿌리면
퍼프 페이스트리를 제자리에
고정시키고 달라붙지 않게
완성할 수 있습니다.

Apricot Cheesecake Bars

살구 치즈케이크 바

24개 분량

조금 시큼한 살구는 크리미한 치즈케이크를 덮기에 안성맞춤입니다. 케이크 위에 살구를 물감 삼아 화가처럼 그림을 그려보는 것도 새로울 것입니다. 치즈케이크 반죽에 신선한 살구 콩포트(compote, 과일을 설탕에 조려 차게 식힌 것-역주)를 떨어뜨린 다음 젓가락이나 꼬챙이 또는 얇은 칼을 살짝 꽂습니다. 앞뒤로 움직이고, 8자 모양과 느슨한 나선형을 그으며 사랑스러운 무늬를 그립니다.

그래함 크래커 18개

설탕 1컵과 2큰술

굵은소금

무염버터 1스틱(½컵): 녹인 것

신선한 살구 283g(약 4개): 반으로 갈라 씨를 제거하고 8등분한 것

신선한 레몬즙 1큰술

크림치즈 2팩(1팩당 226g): 실온 상태

사워크림 ½컵: 실온 상태

바닐라 익스트랙 ½작은술

달걀 큰 것 2개: 가볍게 풀어 실온 상태

1. 오븐을 175℃로 예열합니다. 푸드프로세서에 그래함 크래커, 설탕 2큰술, 소금 ¼작은술을 넣고 고운 가루가 될 때까지 갈아줍니다. 중간 크기 볼에 옮기고 녹인 버터를 넣어 가루가 촉촉해질 때까지 젓습니다. 프로세서 볼을 깨끗이 닦습니다. 23㎝×33㎝ 크기의 베이킹팬에 붓고 1컵짜리 계량컵 밑면이나 유리잔 밑면으로 눌러 평평하게 다집니다. 크러스트가 단단해질 때까지 15분 동안 굽습니다. 식힘망에서 식힙니다. 오븐 온도를 160℃로 낮춥니다.

2. 작은 냄비를 중불과 강불 사이에 올리고 살구, 설탕 ¼컵과 소금을 조금 넣습니다. 설탕이 녹을 때까지 저으면서 끓입니다. 불을 줄이고 윤이 날 때까지 약 10분 동안 저으며 조립니다. 푸드프로세서에 살구 혼합물, 레몬즙, 물 1큰술을 넣고 갈아 퓌레를 만듭니다.

3. 큰 볼에 크림치즈와 사워크림을 넣고 전동 믹서를 이용해서 중속으로 부드러워질 때까지 휘젓습니다. 남은 설탕 ¾컵을 넣고 부드러워질 때까지 젓습니다. 바닐라와 소금을 조금 넣고 섞습니다. 달걀을 넣고 그릇 옆면을 훑어 내리면서 부드러워질 때까지 젓습니다. 크림치즈 혼합물을 크러스트에 붓고 오프셋 스패출러로 윗면을 평평하게 고릅니다.

4. 살구 퓌레를 작은 숟가락으로 떠서 크림치즈 혼합물 위에 손 가는 대로 뚝뚝 떨어뜨립니다. 꼬챙이나 얇은 칼날로 퓌레를 부드럽게 돌리며 젓습니다. 굳을 때까지 25분 동안 굽습니다. 팬을 식힘망으로 옮겨 살짝 식힌 후 냉장실에 넣어 약 2시간 동안 차갑게 휴지시킵니다. 24개의 정사각형으로 자릅니다(치즈케이크 바는 밀폐 용기에 담아 냉장실에서 5일 동안 보관할 수 있습니다).

Whoopie Hearts

우피하트

24개 분량

하트 우피파이는 단순한 V자 모양으로 만듭니다. 초콜릿 반죽을 7.5㎝ 대각선 아래로 짜고 맞은편에 하나 더 짜서 서로 만나게 하여 구우면 오동통한 하트가 됩니다. 여기에 라즈베리색으로 물들인 스위스 머랭을 넣어 조금 더 사랑스럽게 표현합니다.

냉동 라즈베리 ¾컵

무표백 중력분 3½컵

굵은소금 1작은술

무가당 코코아가루 1½컵

베이킹소다 1작은술

베이킹파우더 1작은술

무염버터 2스틱(1컵): 실온 상태

설탕 2컵

달걀 큰 것 2개: 실온 상태

바닐라 익스트랙 2작은술

버터밀크 2컵: 실온 상태

스위스 머랭 필링(246쪽)

---

1. 오븐을 205℃로 예열합니다. 볼 위에 체를 얹고 냉동 라즈베리를 녹입니다. 으깨어 즙 ¼컵을 짜냅니다. 과육은 버리고 과즙은 스위스 머랭 필링에 넣을 용으로 보관합니다.

2. 중간 크기 볼에 밀가루, 소금, 코코아가루, 베이킹소다, 베이킹파우더를 넣고 섞습니다. 다른 큰 볼에 버터와 설탕을 넣고 전동 믹서를 이용해서 중속으로 약 3분간 연한 미색이 되고 풍성해질 때까지 휘젓습니다. 달걀과 바닐라를 넣고 고루 저어줍니다. 밀가루 혼합물을 두 번에 나눠 버터밀크와 번갈아가며 넣고 잘 섞어줍니다.

3. 하트 모양은 알파벳 V로 만듭니다. 짤주머니에 지름 1.3㎝의 원형 깍지(예: 아테코Ateco #806)를 끼우고 반죽을 담습니다. 유산지를 깐 베이킹 시트에 반죽을

7.5㎝ 대각선 아래로 짜냅니다. 맞은편에 똑같이 하나 더 짜서 서로 만나게 합니다(하트 위쪽 폭은 약 7.3㎝입니다. 242쪽 짜는 방향 참고). 손가락으로 살짝 눌러보아 다시 올라올 때까지 약 12분 동안 굽습니다. 식힘망으로 옮겨 식힙니다. 남은 반죽으로도 똑같이 반복합니다.

4. 우피파이를 조립합니다. 보관해둔 라즈베리 과즙을 스위스 머랭 필링에 넣고 섞습니다. 다른 짤주머니에 지름 1.3㎝의 원형 깍지를 끼우고 필링을 채웁니다. 절반의 쿠키의 평평한 면에 필링을 짜고 남은 절반의 쿠키를 샌드위치처럼 덮습니다(우피파이는 밀폐 용기에 담아 냉장실에서 3일 동안 보관할 수 있습니다).

짤주머니를 긴 용기 안에 넣고 필링을 채우면 쓰러지지 않습니다.

Cookie Perfection

Fudgy

Chewy

Cakey

브라우니

브라우니는 누구나 좋아하지만, 어떤 사람들은 이 초콜릿 사각형이 진한 맛에 쫀쫀해야 좋다고 하는 반면, 어떤 사람들은 가운데가 쫄깃해야 더 좋다고 하고, 또 어떤 사람들은 가볍고 바삭해야 좋다고 합니다. 제빵사는 어떻게 다 조절할까요? 퍼지 브라우니는 케이크 브라우니보다 지방의 비율이 더 높기 때문에, 버터와 초콜릿을 더 넣어서 밀가루와의 비율을 맞춥니다. 케이크 브라우니는 밀가루 양을 더 늘리고, 베이킹파우더로 발효시킵니다. 한편 쫄깃한 브라우니는 반죽에 버터와 함께 오일을 조금 추가하여 만듭니다.

Cakey Brownies
케이크 브라우니

7.5㎝ 정사각형 9개 분량

무염버터 4큰술: 크게 조각낸 것 + 팬에 바를 용 조금	무가당 더치 프로세스 코코아가루 ¼컵
비터스위트 초콜릿 113g: 굵게 자른 것	굵은소금 ½작은술
설탕 1½컵	무표백 중력분 1½컵
달걀 큰 것 3개	베이킹파우더 ¾작은술

---

1. 오븐을 175℃로 예열합니다. 23㎝의 정사각형 베이킹팬에 버터를 바릅니다. 유산지를 가로로 1장 세로로 1장 깔고, 유산지의 마주 보는 모서리 두 곳을 길게 빼서 팬 바깥으로 넘깁니다. 유산지에 버터를 바릅니다.

2. 중간 크기의 내열 용기에 버터와 초콜릿을 넣고 부드러워질 때까지 중탕으로 녹입니다. 불을 끈 후 설탕을 넣어 젓습니다. 달걀을 한 번에 하나씩 넣으며 섞습니다. 코코아가루와 소금을 넣고 섞습니다. 밀가루와 베이킹파우더를 넣고 섞습니다. 준비된 팬에 반죽을 붓고 스패출러로 평평하게 고릅니다.

3. 케이크 테스터로 가운데를 찔러보아 촉촉한 가루가 묻어나올 때까지 30분 동안 굽습니다. 팬을 식힘망으로 옮기고 15분 동안 식힙니다. 유산지 채 브라우니를 들어 올린 후 유산지를 제거합니다. 브라우니를 식힘망으로 옮겨서 완전히 식힙니다. 9개의 정사각형으로 자릅니다(브라우니는 밀폐 용기에 담아 실온에서 2일 동안 보관할 수 있습니다).

Fudgy Brownies
퍼지 브라우니

7.5㎝ 정사각형 9개 분량

무염버터 1스틱(½컵): 크게 조각낸 것 + 팬에 바를 용 조금	달걀 큰 것 3개
비터스위트 초콜릿 170g: 자른 것	무가당 더치 프로세스 코코아 파우더 ¼컵
설탕 1½컵	굵은소금 ½작은술
	무표백 중력분 ½컵과 2큰술

---

1. 오븐을 175℃로 예열합니다. 23㎝의 정사각형 베이킹팬에 버터를 바릅니다. 유산지를 가로로 1장 세로로 1장 깔고, 마주 보는 모서리 두 곳의 유산지를 길게 빼서 팬 바깥으로 넘깁니다. 유산지에 버터를 바릅니다.

2. 중간 크기의 내열 용기에 버터와 초콜릿을 넣고 부드러워질 때까지 중탕으로 녹입니다. 불을 끈 후 설탕을 넣어 젓습니다. 달걀을 한 번에 하나씩 넣으며 섞습니다. 코코아와 소금을 넣고 섞습니다. 밀가루를 넣고 섞습니다. 준비된 팬에 반죽을 붓고 스패츌러로 평평하게 고릅니다.

3. 케이크 테스터로 가운데를 찔러보아 촉촉한 가루가 묻어나올 때까지 30~40분 동안 굽습니다. 팬을 식힘망으로 옮기고 15분 동안 살짝 식힙니다. 유산지 채 브라우니를 들어 올린 후 유산지를 제거합니다. 브라우니를 식힘망으로 옮겨서 완전히 식힙니다. 9개의 정사각형으로 자릅니다(브라우니는 밀폐 용기에 담아 실온에서 2일 동안 보관할 수 있습니다).

은 후 10초간 젓습니다. 달걀을 넣고 윤이 나고 부드러워질 때까지 약 45초 동안 휘젓습니다. 고무 스패츌러로 가루 재료를 섞습니다. 준비된 팬에 반죽을 붓고 스패츌러로 평평하게 고릅니다.

3. 케이크 테스터로 가운데를 찔러보아 촉촉한 가루가 묻어나올 때까지 30~40분 동안 굽습니다. 팬을 식힘망으로 옮기고 15분 동안 식힙니다. 유산지 채 브라우니를 들어 올린 후 유산지를 제거합니다. 브라우니를 식힘망으로 옮겨서 완전히 식힙니다. 16개의 정사각형으로 자릅니다(브라우니는 밀폐 용기에 담아 실온에서 2일 동안 보관할 수 있습니다).

Chewy Brownies

쫄깃한 브라우니

5.7cm 정사각형 16개 분량

무염버터 7큰술: 실온 상태 + 팬에 바를 용도 조금

무표백 중력분 ¾컵과 2큰술

베이킹파우더 ¼작은술

굵은소금 ½작은술

무가당 초콜릿 198g: 잘게 썬 것

홍화씨유 또는 코코넛 오일 3큰술

백설탕 1컵

눌러 담은 황설탕 1컵

달걀 큰 것 3개: 실온 상태

---

1. 오븐을 175℃로 예열합니다. 23cm의 정사각형 베이킹팬에 버터를 바릅니다. 유산지를 가로로 1장 세로로 1장 깔고, 마주 보는 모서리 두 곳의 유산지를 길게 빼서 팬 바깥으로 넘깁니다. 유산지에 버터를 바릅니다.

2. 중간 크기 볼에 밀가루, 베이킹파우더, 소금을 넣고 섞습니다. 중간 크기 내열 용기에 초콜릿과 버터, 오일을 넣고 중탕으로 녹입니다. 불을 끄고 설탕을 넣

브라우니 팁

- 초콜릿에 투자하세요. 브라우니의 맛을 내는 데 결정적인 역할을 합니다. 최소 61%의 카카오를 함유한 비터스위트 초콜릿으로 발로나Valrhona나 기타드Guittard와 같은 최상품을 고르면 됩니다.

- 반짝이고 갈라진 표면을 만들기 위해 달걀을 반죽에 넣을 때 윤기가 날 때까지 휘젓습니다.

- 밀가루를 넣을 때 그릇 옆면을 훑어 내리면서 넣으면 밀가루가 뭉치지 않고 날가루가 남지 않습니다.

- 호두, 피칸과 같은 구운 견과류나 초콜릿 덩어리를 반죽에 넣을 때에는 밀가루 바로 다음에 넣으세요.

- 유산지에 버터를 바릅니다. 그 위에 더치 프로세스 코코아가루를 덧가루로 뿌려도 됩니다. 브라우니 가장자리에 초콜릿 맛을 더해줄 것입니다.

- 금속 서류 집게로 유산지를 집어 팬의 측면에 붙입니다. 유산지가 고정되면 반죽을 깔끔하게 부을 수 있고, 컨벡션 오븐에서 공기가 순환할 때 유산지가 뜨는 것을 막아줍니다.

- 단맛과 짠맛이 조화로운 쿠키를 위해 굽기 직전에 말돈 Maldon과 같은 꽃소금을 반죽 위에 뿌립니다.

- 브라우니를 완전히 식힌 후 팬에서 꺼내 정사각형으로 자릅니다(팬에서 브라우니를 자르면 밑바닥이 긁힙니다).

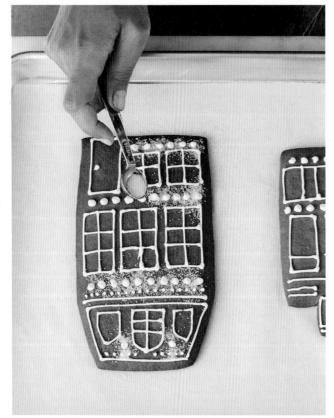

7

축하 쿠키

할로윈 때는 여기저기 거미줄을 치고, 밸런타인데이에는 소매에 하트가 그려진 옷을 입고,
7월 4일 독립기념일에는 불꽃놀이를 하지요. 이러한 특별한 날에는
축제 분위기를 돋우는 쿠키가 빠질 수 없답니다.

Honey-Spice Gingerbread Townhouses

허니-스파이스 진저브레드 타운하우스

12개 분량

이 근사하고 아기자기한 타운하우스의 바탕은 향긋한 진저브레드 쿠키입니다. 꿀로 단맛을 내고 따뜻한 성질의 향신료인 생강, 계피, 넛멕, 정향을 넣습니다. 진저브레드 쿠키는 시간이 지날수록 숙성된 맛이 나기 때문에 축제 기간 동안 진열해놓기 좋고 선물하기에도 제격입니다. 타운하우스를 꾸밀 때는 한 손으로 짤주머니를 쥐고 다른 한 손으로 깍지를 이끌며 그립니다.

무표백 중력분 5½컵 + 덧가루 조금

굵은소금 1½작은술

베이킹소다 1작은술

생강가루 4작은술

계피가루 1작은술

넛멕가루 1작은술: 신선하게 간 것

정향가루 ½작은술

무염버터 2스틱(1컵): 실온에서 보관한 것

백설탕 1컵

달걀 큰 것 2개

꿀 1컵

몰라세스 ½컵

로열 아이싱(244쪽)

고운 샌딩슈가: 장식용

1. 큰 볼에 밀가루, 소금, 베이킹소다 및 향신료를 넣고 섞습니다. 또 다른 큰 볼에 버터와 백설탕을 넣고 전동 믹서를 이용해서 중속과 고속 사이로 약 3분간 연한 미색이 되고 풍성해질 때까지 휘젓습니다. 달걀을 한 번에 하나씩 넣으며 젓고, 꿀과 몰라세스를 넣어 골고루 섞어줍니다. 믹서를 저속으로 낮추고 밀가루 혼합물을 조금씩 넣으면서 가볍게 섞어줍니다. 반죽을 3등분으로 나누고 한 덩이씩 랩으로 쌉니다. 냉장실에서 약 1시간 동안 휴지시켜 굳었지만 아직 말랑한 상태를 만듭니다.

2. 오븐을 175℃로 예열합니다. 유산지에 밀가루를 넉넉히 뿌리고 나눠놓은 반죽을 한 덩이씩 올려 0.6㎝ 두께로 밉니다. 남은 밀가루는 붓으로 털어내고 유산지를 깐 베이킹 시트로 반죽을 옮깁니다. 냉동실에 넣어 약 15분 동안 단단하게 얼립니다.

3. 타운하우스 템플릿(247쪽) 또는 15㎝ 길이의 집 모양 커터로 12개의 반죽을 잘라냅니다. 유산지를 깐 베이킹 시트로 옮기고 약 15분 동안 냉동실에 넣어 굳힙니다. 오븐에서 6분 동안 구운 후 꺼냅니다. 조리대 위에 베이킹 시트를 세게 내리쳐서 쿠키를 납작하게 만듭니다. 오븐에 다시 넣고, 바삭하지만 타지 않을 정도까지 6~8분 동안 굽습니다. 고르게 구워지도록 중간에 베이킹 시트를 앞뒤로 돌립니다. 베이킹 시트를 식힘망으로 옮겨 완전히 식힙니다.

4. 짤주머니에 아주 작은 원형 깍지(예: 아테코Ateco #1)나 오므라진 별 깍지(예: 아테코Ateco #13)를 끼우고 아이싱을 넣습니다. 쿠키 위에 아이싱을 짜서 디자인한 후 즉시 샌딩슈가를 뿌립니다. 남은 것은 털어냅니다. 실온에서 2시간 이상 굳힙니다. 하룻밤 두면 더 좋습니다(쿠키는 밀폐 용기에 담아 실온에서 1주일 동안 보관할 수 있습니다).

Glazed Spiced Snowflakes

글레이즈 스파이스 스노우플레이크

큰 것 7개, 중간 것 12개, 작은 것 36개 분량

이 눈송이 쿠키에 있는 정교한 패턴은 과연 무슨 도구로 만들었을까요? 바로 크로셰 도일리랍니다. 향신료는 스페퀼라스 맛에서 영감을 받아 배합했습니다. 반죽을 밀어 펴고 그 위에 도일리를 올려놓은 다음 밀대로 밀어 무늬를 찍어냅니다(238쪽 참고). 도일리가 두꺼울수록 선명하게 각인됩니다(얇은 종이 도일리는 잘 찍히지 않아요).

쿠키

무표백 중력분 3½컵 + 덧가루 조금

베이킹소다 ½작은술

굵은소금 ½작은술

계피가루 1작은술

생강가루 1작은술

카다멈가루 ½작은술

코리앤더가루 ¼작은술

정향가루 ⅛작은술

무염버터 1½스틱(¾컵): 실온 상태

눌러 담은 흑설탕 1컵

글레이즈

슈가파우더 1½컵: 체친 것

우유 ¼컵 + 여유분 조금

바닐라 익스트랙 ⅛작은술

---

1. **쿠키 만들기:** 큰 볼에 밀가루, 베이킹소다, 소금, 향신료를 넣고 섞습니다. 또 다른 큰 볼에 버터와 흑설탕을 넣고 전동 믹서를 이용해서 중속과 고속 사이로 약 3분간 연한 미색이 되고 풍성해질 때까지 휘젓습니다. 믹서를 저속으로 낮추고 밀가루 혼합물의 반, 물 ⅓컵, 밀가루 혼합물의 나머지 반을 차례로 섞으면서 넣습니다. 반죽을 3개의 원반 모양으로 빚고 랩으로 쌉니다. 냉장실에 넣어 1시간 이상 또는 하룻밤 동안 굳힙니다.

2. 한 번에 원반 반죽 하나씩, 밀가루를 살짝 뿌린 유산지 위에 올리고 0.6㎝ 두께로 밀어 폅니다. 도일리를 얹고 밀대로 살살 밀어 무늬를 찍습니다(이제 반죽은 0.3㎝의 두께가 됩니다). 도일리를 제거하고 반죽을 냉동실에 넣어 15분 동안 얼립니다.

3. 반죽 한 덩이를 꺼내 13㎝짜리 눈송이 커터로 모양을 찍어냅니다. 나머지 반죽에도 7.5㎝, 3.8㎝짜리 눈송이 모양을 찍어냅니다. 자투리 반죽을 뭉쳐 차갑게 굳힌 후 다시 밀고 모양을 찍습니다. 유산지를 깐 베이킹 시트에 큰 쿠키를 배열하고, 다른 베이킹 시트에 중간 크기, 작은 크기의 쿠키를 배열합니다. 냉동실에 넣어 15분 동안 굳힙니다.

4. 오븐을 160℃로 예열합니다. 가장자리가 단단해질 때까지 큰 쿠키는 16~18분 동안, 중간 쿠키와 작은 쿠키는 12~14분 동안 굽습니다. 고르게 구워지도록 중간에 베이킹 시트를 앞뒤로 돌립니다. 베이킹 시트를 식힘망으로 옮겨 완전히 식힙니다.

5. **글레이즈 만들기:** 중간 크기 볼에 슈가파우더, 우유, 바닐라를 넣고 부드러워질 때까지 젓습니다. 한 번에 우유를 ½작은술씩 추가하여 크림보다 조금 더 진한 농도를 만듭니다. 무늬가 있는 면을 글레이즈에 담가 찍은 후 이리저리 기울여 고르게 코팅합니다. 식힘망 위에 놓고 약 10분 동안 글레이즈를 굳힙니다(쿠키는 밀폐 용기에 담아 실온에서 3일 동안 보관할 수 있습니다).

Double-Chocolate Peppermint Cookies

더블-초콜릿 박하 쿠키

24개 분량

초콜릿 쿠키와 박하는 역시 찰떡궁합이지요. 두 가지 크기의 주름링 쿠키 커터가 필요한데, 큰 커터로 쿠키 '틀'을 만들고 작은 커터로 박하 조각을 담을 수 있는 '창'을 만듭니다.

무표백 중력분 ¾컵 + 덧가루 조금

무가당 더치 프로세스 코코아가루 ⅓컵

굵은소금 ⅛작은술

무염버터 6큰술: 실온 상태

슈가파우더 ¾컵: 체 친 것

달걀 큰 것 1개: 실온 상태

바닐라 익스트랙 ½작은술

밀크 초콜릿 113g: 잘게 자른 것

헤비크림 ½컵

페퍼민트 익스트랙 ½작은술

박하사탕 ¼컵: 굵게 다지거나 부순 것

---

1. 중간 크기 볼에 밀가루, 코코아, 소금을 넣고 섞습니다. 다른 큰 볼에 버터와 설탕을 넣고 전동 믹서를 이용해서 중속과 고속 사이로 약 2분간 연한 미색이 되고 풍성해질 때까지 휘젓습니다. 달걀과 바닐라를 넣고 고루 저어줍니다. 믹서를 저속으로 낮추고 밀가루 혼합물을 조금씩 넣으면서 가볍게 섞어줍니다. 반죽을 반으로 나눠 원반 모양으로 빚습니다. 하나씩 랩으로 싼 다음 냉장실에 넣어 약 1시간 동안 굳힙니다.

2. 오븐을 160℃로 예열합니다. 한 번에 원반 반죽 하나씩(나머지 하나는 냉장실에 넣어두세요), 밀가루를 살짝 뿌린 조리대 위에 올려 0.3㎝ 이하의 두께로 밉니다. 지름 4.4㎝의 주름링 커터로 대략 50개의 원을 찍어내고 차갑게 굳힙니다. 자투리 반죽을 뭉쳐 다시 밉니다(만약 반죽이 너무 질어지면 냉동실에 15분 동안 넣으세요). 원형 반죽 절반의 가운데를 지름 1.3㎝의 주름링 커터로 잘라냅니다. 유산지를 깐 베이킹 시트

에 2.5㎝ 간격으로 배열합니다. 냉동실에서 15분 동안 얼립니다. 제과용 붓으로 남은 밀가루를 털어냅니다.

3. 쿠키의 가장자리가 단단해질 때까지 13~15분 동안 굽습니다. 고르게 구워지도록 중간에 베이킹 시트를 앞뒤로 돌립니다. 베이킹 시트를 식힘망으로 옮기고 완전히 식힙니다(작은 동그라미로 잘라낸 반죽은 따로 6~8분간 구워도 됩니다).

4. 내열 용기에 초콜릿을 담습니다. 작은 냄비에 크림을 넣고 중불과 강불 사이에서 끓입니다. 냄비 가장자리에 거품이 일면 불을 끄고, 페퍼민트 익스트랙을 넣고 젓습니다. 이 혼합물을 초콜릿 위에 붓습니다. 10분 동안 식힌 후 부드러워질 때까지 젓습니다. 가끔씩 저으며 펴 바를 수 있는 농도가 될 때까지 약 30분 동안 굳힙니다.

5. 구멍 내지 않은 쿠키에 필링 1작은술을 바르고, 구멍 낸 쿠키로 윗면을 덮습니다. 동그랗게 난 창에 잘게 자른 사탕을 뿌립니다. 약 20분 동안 냉장실에 넣어 굳힙니다(조립한 쿠키는 밀폐 용기에 담아 냉장실에서 2일 동안 보관할 수 있습니다).

Gingerbread Trees

진저브레드 나무

24개 분량

크리스마스트리 쿠키에 눈이 쌓이고 향신료의 온기가 더해집니다. 진저브레드 자체가 나무 밑동이 되었는데, 바닐라 설탕 반죽으로 만들어도 멋진 나무가 될 수 있습니다. 만약 나무 모양 쿠키 커터를 여러 크기로 갖고 있다면 다양하게 만들어보세요. 단, 작은 나무가 오븐에서 더 빨리 익으니 한 베이킹 시트에 같은 크기끼리 놓는 것만 잊지 마세요.

무표백 중력분 6컵 + 덧가루 조금

베이킹소다 1작은술

베이킹파우더 ½작은술

무염버터 2스틱(1컵): 실온 상태

눌러 담은 흑설탕 1컵

생강가루 4작은술

계피가루 4작은술

정향가루 1½작은술

후춧가루 1작은술: 곱게 간 것

굵은소금 1½작은술

달걀 큰 것 2개: 실온 상태

몰라세스 1컵

로열 아이싱(244쪽)

초록색 젤-페이스트 색소

1. 큰 볼에 밀가루, 베이킹소다, 베이킹파우더를 넣고 섞습니다. 또 다른 큰 볼에 버터와 설탕을 넣고 전동 믹서를 이용해서 중속과 고속 사이로 약 2~3분간 연한 미색이 되고 풍성해질 때까지 휘젓습니다. 생강, 계피, 정향, 후추, 소금을 넣고 고루 저어줍니다. 달걀을 한 번에 하나씩 넣으며 젓고, 몰라세스를 넣고 젓습니다. 믹서를 저속으로 낮추고 밀가루 혼합물을 조금씩 넣으면서 가볍게 섞어줍니다. 반죽을 3등분으로 나누고 하나씩 랩으로 쌉니다. 냉장실에 1시간 이상 넣어 차갑게 만듭니다.

2. 오븐을 175℃로 예열합니다. 밀가루를 살짝 뿌린 조리대 위에 반죽을 올리고 0.3㎝ 두께로 밉니다. 크리스마스트리 커터로 잘라서 유산지를 깐 베이킹 시트에 놓습니다. 바삭하지만 타지 않을 정도까지 20분 동안 굽습니다. 고르게 구워지도록 중간에 베이킹 시트를 앞뒤로 돌립니다. 베이킹 시트를 식힘망으로 옮겨 완전히 식힙니다.

3. **쿠키 장식하기**: 로열 아이싱 ¾을 초록색 젤-페이스트 색소로 물들입니다. 짤주머니에 작은 원형 깍지(예: 아테코Ateco #1 또는 #2)를 끼우고 아이싱을 넣습니다. 나무 밑동을 제외한 윗면을 아이싱으로 덮습니다(243쪽 참고). 실온에서 최소 12시간 또는 하룻밤 동안 굳힙니다.

4. 짤주머니에 작은 원형 깍지를 끼우고 남은 흰색 로열 아이싱을 넣습니다. 나뭇가지 위에 쌓인 눈을 표현합니다. 실온에서 약 4시간 굳힙니다(쿠키는 밀폐 용기에 담아 실온에서 3일 동안 보관할 수 있습니다).

Candy Cane Cookies

캔디 케인 쿠키

24개 분량

두 가지 색의 초대형 설탕 쿠키 반죽을 귀엽게 꼬아주세요. 샌딩슈가를 뿌려 반짝반짝 빛나고 페퍼민트 익스트랙을 넣어 캔디 케인 사탕 맛이 납니다.

무염버터 2스틱(1컵): 실온 상태

백설탕 1컵

달걀 큰 것 1개: 실온 상태

바닐라 익스트랙 ½작은술

페퍼민트 익스트랙 ½작은술

굵은소금 ¼작은술

무표백 중력분 2½컵 + 덧가루 조금

빨간색 젤-페이스트 색소

큰 달걀의 흰자: 풀어놓은 것

굵은 샌딩슈가: 장식용

---

1. 큰 볼에 버터와 백설탕을 넣고 전동 믹서를 이용해서 중속으로 약 2분간 연한 미색이 되고 풍성해질 때까지 휘젓습니다. 달걀, 두 가지 익스트랙, 소금을 넣고 고루 저어줍니다. 믹서를 저속으로 낮추고 밀가루를 조금씩 넣으면서 가볍게 섞어줍니다. 반죽을 반으로 나눕니다. 반죽 한 덩이에 색소를 넣고 주무르며 원하는 색을 만듭니다. 반죽을 원반 모양으로 빚고 랩으로 싸서 냉장실에 20분 또는 하룻밤 넣어둡니다(반죽은 냉동실에 넣어 1개월 동안 보관할 수 있습니다. 사용하기 전에 냉장실에서 녹입니다).

2. 물들이지 않은 반죽을 12덩이로 나눕니다. 밀가루를 살짝 뿌린 조리대 위에 반죽을 하나씩 올리고 30㎝ 길이로 길게 빚습니다. 냉장실에 약 10분간 넣어 단단하지만 말랑함이 남아 있을 정도로 굳힙니다. 물들인 반죽으로도 똑같이 반복합니다. 물들인 반죽과 물들이지 않은 반죽을 함께 꼰 후 가볍게 굴려 원통형으로 다집니다. 2등분으로 똑같이 나누고 한쪽 끝을

구부려 지팡이 모양을 만듭니다. 반복하여 여러 개를 만듭니다. 유산지를 깐 베이킹 시트에 6㎝ 간격으로 놓습니다. 랩으로 싸서 1시간 또는 하룻밤 동안 차갑게 굳힙니다.

3. 오븐을 160℃로 예열합니다. 쿠키의 가장자리가 단단해지고 색이 퍼지지 않는지 지켜보며 20~24분 동안 굽습니다. 고르게 구워지도록 중간에 베이킹 시트를 앞뒤로 돌립니다. 베이킹 시트를 식힘망으로 옮기고 완전히 식힙니다.

4. 캔디케인 하나하나에 달걀물을 바릅니다. 그 위에 샌딩슈가를 뿌리고 남은 것은 털어냅니다(쿠키는 밀폐 용기에 담아 실온에서 1주일 동안 보관할 수 있습니다).

TIP

반죽을 주물러 색을 입힐 때
손에 물들지 않도록
장갑을 끼면 좋습니다.

Fruitcake Cookies

과일케이크 쿠키

48개 분량

축제일에 상징적으로 먹는 과일케이크를 더 매력적으로 만들어볼까요? 케이크를 한입 크기의 쿠키로 변형시켜봅시다. 전통 과일 케이크처럼 이 쿠키에도 설탕에 절인 체리, 말린 파파야, 설탕에 조린 유자 등 고급스러운 과일이 들어갑니다. 아울러 세심하게 배려한 크기, 맛있는 초콜릿 폰당Fondant 코팅, 식용 금박까지 더해져 매우 고급스러운 분위기가 납니다.

무염버터 2스틱(1컵): 실온 상태 + 팬에 바를 용도 조금

무표백 중력분 2컵

계피가루 ½작은술

굵은소금 ½작은술

카더멈가루 ⅛작은술

베이킹파우더 ¼작은술

아몬드 페이스트 198g(튜브 1개): 작게 조각낸 것

설탕 1컵

달걀 큰 것 2개: 실온 상태

키르슈 또는 브랜디 ¼컵

여러 가지 설탕 절임 과일 453g(3컵): 설탕에 절인 체리, 말린 파파야, 설탕에 조린 감귤류 등, 1.3㎝의 육면체로 자른 것

초콜릿 폰당(244쪽 참고)

식용 금박: 장식용(선택)

---

1. 오븐을 160℃로 예열합니다. 23㎝×33㎝ 베이킹 시트에 버터를 바르고 유산지를 깝니다. 유산지의 긴 모서리 두 곳을 6㎝ 정도 길게 빼서 팬 바깥으로 넘깁니다. 유산지에 버터를 바릅니다. 중간 크기 볼에 밀가루, 계피, 소금, 카더멈, 베이킹파우더를 넣고 섞습니다.

2. 푸드프로세서에 아몬드 페이스트를 넣고 펄스 기능으로 바스러뜨립니다. 설탕을 넣고 다시 펄스 버튼을 눌러 가볍게 섞습니다. 이 혼합물을 큰 볼에 옮깁니다. 버터를 넣고 전동 믹서를 이용해서 중속과 고속 사이로 약 2분간 연한 미색이 되고 풍성해질 때까지 휘젓습니다. 그릇 옆면을 훑어 내려줍니다. 달걀을 한 번에 1개씩 넣으며 고루 젓습니다. 키르슈 2큰술을 넣고 젓습니다. 믹서를 저속으로 낮추고 밀가루 혼합물을 조금씩 넣으면서 가볍게 섞어줍니다. 과일을 넣고 섞습니다.

3. 준비된 베이킹 시트에 반죽을 붓고 오프셋 스패출러로 윗면을 평평하게 고릅니다. 연한 황금색이 될 때까지 1시간 15분 동안 굽습니다. 남은 키르슈 2큰술을 붓으로 바릅니다. 베이킹 시트를 식힘망으로 옮기고 45분 동안 식힙니다. 튀어나온 유산지를 잡고 들어 올려 팬에서 꺼낸 후 식힘망에서 완전히 식힙니다. 냉장실에 4시간 이상, 가능하면 하룻밤 휴지시킵니다. 날카로운 칼로 가장자리를 정리하고 3㎝ 정사각형으로 자릅니다.

4. 한 번에 작업할 만큼 적당량을 꺼내어(나머지는 냉장실에 보관), 쿠키를 하나씩 포크 위에 놓습니다. 숟가락으로 폰당을 뜨고 윗면에 부어 쿠키 전체를 코팅합니다. 남는 것은 볼에 다시 떨어뜨립니다. 식힘망을 베이킹 시트 위에 올립니다. 폰당이 너무 뻑뻑하면 언제든 뜨거운 물을 1큰술씩 부어 전자레인지에 돌리거나 중탕을 합니다. 약 30분 동안 가만히 굳힙니다. 식용 금박 몇 조각으로 장식합니다(선택).(쿠키는 밀폐 용기에 담아 냉장실에서 5일 동안 보관할 수 있습니다)

Pfeffernüsse

페퍼뉘세

60개 분량

독일에서 축제일에 전통적으로 먹는 페퍼뉘세pfeffernüsse는 독일어로 '후추 견과류'란 뜻입니다. 크기가 견과류만 하고 굽기 전에 후추를 뿌린 것에서 유래한 이름입니다. 따뜻한 향신료의 사중주, 즉 계피, 넛멕, 올스파이스, 정향에 검은 후추가 합류하였습니다. 글레이즈를 발랐던 레시피에 분홍색 알후추를 뿌려 조금 더 앙증맞고 귀여운 쿠키가 되었습니다.

쿠키

무표백 중력분 2¼컵

베이킹소다 ¼작은술

계피가루 ¾작은술

올스파이스가루 ½작은술

정향가루 ¼작은술

넛맥가루 ¼작은술: 신선하게 간 것

검은 후춧가루 ¼작은술: 신선하게 간 것

무염버터 1스틱(½컵): 실온 상태

눌러 담은 황설탕 ¾컵

몰라세스 ¼컵

달걀 큰 것 1개

바닐라 익스트랙 ½작은술

글레이즈

슈가파우더 3½컵: 체 친 것

우유 ⅓컵 + 여분 조금

키르슈 또는 다른 체리맛 리큐르 ¼작은술(선택)

장식

분홍 알후추: 굵게 다진 것

1. **쿠키 만들기:** 오븐을 175℃로 예열합니다. 중간 크기 볼에 밀가루, 베이킹소다, 향신료를 넣고 섞습니다. 다른 큰 볼에 버터, 황설탕, 몰라세스를 넣고 전동 믹서를 이용해서 중속으로 약 3분간 연한 미색이 되고 풍성해질 때까지 휘젓습니다. 달걀과 바닐라를 넣고 고루 저어줍니다. 믹서를 저속으로 낮추고 밀가루 혼합물을 조금씩 넣으면서 날가루가 보이지 않도록 섞습니다(건조하고 바스러지는 반죽이 될 것입니다).

2. 젖은 손으로 반죽을 1작은술 가득 떠서 공 모양으로 빚습니다. 유산지를 깐 베이킹 시트에 놓습니다. 나머지 반죽으로도 똑같이 반복하여 3.8㎝ 간격으로 놓습니다(반죽은 랩으로 단단히 싼 다음 냉동실에 넣어 1개월 동안 보관할 수 있습니다).

3. 베이킹 시트 한 판씩, 황금색으로 변하고 윗면이 살짝 갈라지면서 손으로 만져보아 단단하게 느껴질 정도까지 15분 동안 굽습니다. 고르게 구워지도록 중간에 베이킹 시트를 앞뒤로 돌립니다. 베이킹 시트를 식힘망으로 옮겨 완전히 식힙니다.

4. **글레이즈 만들기:** 베이킹 시트 위에 식힘망을 올립니다. 중간 크기 볼에 슈가파우더, 우유, 키르슈(선택)를 넣고 섞습니다. 포크로 쿠키를 하나씩 글레이즈에 담가 코팅합니다. 남는 글레이즈는 툭툭 쳐서 떨어뜨리고 식힘망으로 옮겨 말립니다. 나머지 쿠키도 똑같이 반복합니다.

5. **장식하기:** 글레이즈가 아직 촉촉할 때 알후추를 조금 뿌려 장식합니다. 내기 전에 글레이즈를 완전히 말립니다(쿠키는 밀폐 용기에 담아 실온에서 2주일 동안 보관할 수 있습니다).

Stained-Glass Sugar Cookies

스테인드글라스 설탕 쿠키

12개 분량

설탕 쿠키에 구멍을 뚫고 잘게 부순 사탕을 채워서 오색찬란한 스테인드글라스를 만듭니다. 뒷정리가 쉽도록 사탕을 색깔별로 분류하여 각각의 지퍼백에 넣습니다. 지퍼백 위를 키친타월로 덮고 밀대로 밀어 사탕을 으깹니다(가루로 분쇄하지는 않음).

무표백 중력분 3컵 + 덧가루 조금

베이킹파우더 ¾작은술

고운 소금 ¼작은술

무염버터 2스틱(1컵): 실온 상태

설탕 1¼컵

큰 달걀의 노른자 4개

바닐라 익스트랙 1큰술

잘게 부순 딱딱한 사탕 1컵: 졸리 랜처Jolly Rancher처럼 색깔별로 포장된 것

---

1. 중간 크기 볼에 밀가루, 베이킹파우더, 소금을 넣고 섞습니다. 큰 볼에 버터와 설탕을 넣고 전동 믹서를 이용해서 중속과 고속 사이로 약 3분간 연한 미색이 되고 풍성해질 때까지 휘젓습니다. 달걀노른자와 바닐라를 넣고 고루 저어줍니다. 믹서를 저속으로 낮추고 밀가루 혼합물을 조금씩 넣으면서 날가루가 보이지 않도록 섞습니다. 반죽을 2개의 원반 모양으로 빚은 후 랩으로 쌉니다. 냉장실에서 30분 동안 휴지시킵니다.

2. 한 번에 원반 반죽 하나씩, 밀가루를 뿌린 유산지 사이에 반죽을 올리고 0.3㎝ 두께로 밉니다. 베이킹 시트에 유산지를 깔고 반죽을 쌓습니다. 냉장실에 넣어 약 30분 동안 굳힙니다.

3. 오븐을 175℃로 예열합니다. 지름 10㎝의 트리구슬 커터로 반죽을 잘라냅니다. 2개의 베이킹 시트에 유산지를 깔고 6㎝ 간격으로 놓습니다. 반죽의 가운데를 아스픽 커터로 잘라 원하는 대로 디자인합니다. 위쪽에 걸 수 있는 구멍을 젓가락으로 뚫습니다(선택). 냉동실에 넣어 약 15분 동안 얼립니다.

4. 색은 아직 연하지만 단단해질 때까지 14분 동안 굽습니다. 고르게 구워지도록 중간에 베이킹 시트를 앞뒤로 돌립니다. 베이킹 시트를 오븐에서 꺼내 잘라낸 구멍 안에 부순 사탕을 넣습니다. 쿠키의 가장자리가 노릇노릇해지고 사탕이 녹기 시작할 때까지 1~2분 동안 더 굽습니다. 베이킹 시트를 식힘망으로 옮기고 완전히 식힙니다(쿠키는 밀폐 용기에 담아 실온에서 1주일 동안 보관할 수 있습니다).

TIP

아스픽 커터로 구멍을 뚫어 쿠키
내부 모양을 장식합니다.
만약 아스픽 커터가 없으면 애플 코러
(apple corer, 사과 씨를 제거하는 도구-
역주), 작은 비스킷 커터 또는 굵은 빨대
등의 주방 도구로 뚫을 수 있습니다.
사탕이 녹기 시작할 때까지만 굽습니다.
너무 오래 구우면 거품이 생깁니다.

Cookie Perfection

Snowball Truffles

스노볼 트러플

24개 분량

크리미한 화이트 초콜릿과 코코넛 플레이크로 덮인 트러플이 작은 눈송이처럼 보입니다. 만드는 방법만 보면 쿠키라고 할 수 없을 정도로 간단합니다. 다섯 가지 재료만 있으면 되고 만드는 과정이 어렵지 않아 자주 만들게 됩니다.

무염 캐슈 ½컵: 구운 것(248쪽 참고)

무가당 코코넛 채 ½컵 + 굴릴 용도 조금

화이트 초콜릿 198g: 굵게 썬 것 + 굴릴 용도로 조금 녹인 것(248쪽 참고)

헤비크림 ½컵

굵은소금 조금

---

1. 푸드프로세서에 캐슈와 코코넛을 넣고 펄스 기능으로 곱게 갑니다. 초콜릿을 추가하여 같은 펄스 기능으로 섞습니다.

2. 작은 냄비를 중약 불에 올리고 크림과 소금을 넣어 중탕으로 녹입니다. 뜨거운 크림 혼합물을 푸드프로세서에 붓고 펄스 기능으로 섞으면서 초콜릿을 녹입니다. 이 혼합물을 얕은 볼로 옮깁니다. 냉장실에 넣어 1시간 이상 또는 2일 동안 차갑게 굳힙니다.

3. 차가워진 혼합물을 한 번에 2작은술씩(3.4㎝짜리 또는 다른 작은 스쿱) 떠서 유산지를 깐 베이킹 시트 위에 놓습니다. 공 모양으로 굴려주고, 냉장실에 넣어 약 30분간 차갑게 굳힙니다.

4. 얕은 접시에 코코넛을 담습니다. 녹인 초콜릿을 손바닥 위에 조금 올린 후 트러플을 살살 굴려서 코팅합니다. 코코넛에 굴리고 살짝 눌러서 붙여줍니다. 남은 반죽으로도 똑같이 반복합니다. 냉장실에 1시간 동안 넣었다가 밀폐 용기에 옮겨 담습니다. 2~3단 이상 쌓지 말고 다시 냉장실에 보관합니다. 먹기 바로 전에 꺼냅니다(트러플은 냉장실에서 2주일 동안 보관할 수 있습니다).

TIP

칼리바우트Callebaut나 발로나 같은 고급 화이트 초콜릿을 사용합니다. 코코아 버터(카카오 고형물 아님)에 우유, 설탕, 바닐라, 레시틴을 함께 넣으면 진하고 크리미한 화이트 초콜릿이 됩니다.

Easter Chick Cookies

부활절 병아리 쿠키

36개 분량

봄이 온 것을 확실히 알려주는 병아리와 달걀 쿠키입니다. 바구니에 담아놓아도 브런치 테이블 위에 올려놓아도 참 사랑스럽지요. 쇼트브레드에 레몬 아이싱을 입히고, 샌딩슈가, 스프링클, 미니 초콜릿칩, 그리고 사탕으로 단순하게 꾸몄습니다. 아이들과 함께 만들기 좋아요.

쿠키

무표백 중력분 2컵

굵은소금 ¾작은술

무염버터 2스틱(1컵): 실온 상태

슈가파우더 ½컵: 체 친 것

바닐라 익스트랙 1작은술

아이싱

슈가파우더 3컵: 체 친 것

신선한 레몬즙 6큰술(레몬 2개)

노란색 고운 샌딩슈가, 점보 스팽글, 주황색과 노란색 스프링클, 하트 캔디, 미니 초콜릿칩: 장식용

1. **쿠키 만들기:** 작은 볼에 밀가루와 소금을 넣고 섞습니다. 다른 큰 볼에 버터를 넣고 전동 믹서를 이용해서 중속과 고속으로 3~5분간 풍성해질 때까지 휘젓습니다. 슈가파우더를 넣고 2분간 연한 미색으로 풍성해질 때까지 그릇 옆면을 훑어 내려가면서 젓습니다. 바닐라를 넣고 섞습니다. 믹서를 저속으로 낮추고 밀가루 혼합물을 조금씩 넣으면서 가볍게 섞어줍니다. 그릇 옆면을 긁어내리면서, 밀가루가 완전히 섞이고 반죽을 손가락으로 집어보아 서로 뭉칠 때까지 섞습니다.

2. 반죽을 2개의 원반 모양으로 빚은 후 각각 랩으로 쌉니다. 냉장실에 넣어 1시간 이상 휴지시킵니다.

3. 오븐을 160℃로 예열합니다. 반죽 한 덩이를 0.6㎝ 두께로 밀고 7.3㎝ 높이의 달걀 쿠키 커터로 자릅니다(또는 7.3㎝ 높이의 타원형 쿠키 커터로 자르고 한쪽 끝을 살짝 찌그러뜨려 달걀 모양을 만듭니다). 유산지를 깐 베이킹 시트에 2.5㎝ 간격으로 놓습니다. 자투리 반죽을 뭉쳐 반복합니다. 나머지 원반 반죽으로도 똑같이 반복합니다.

4. 쿠키가 단단하고 노릇노릇해질 때까지 13~15분 동안 굽습니다. 굽는 중간에 베이킹 시트를 꺼내 조리대에 탁 내리쳐서 평평하게 고릅니다. 나중에 한 번 더 반복합니다. 식힘망에서 완전히 식힙니다.

5. **아이싱 만들기:** 중간 크기 볼에 슈가파우더, 레몬즙을 넣고 섞습니다. 짤주머니에 작은 원형 깍지(예: 아테코 Ateco #1 또는 #2)를 끼우고 아이싱을 넣습니다. 쿠키를 아이싱으로 덮습니다(243쪽 참고).

6. **병아리 그리기:** 아이싱으로 덮은 쿠키를 샌딩슈가에 찍은 후 말립니다. 스팽글에 아이싱을 점찍어 묻히고 조금씩 겹쳐 붙여서 깃털을 표현합니다. 주황색 스프링클로 발을, 캔디 하트로 부리를, 미니 초콜릿칩을 뒤집어 붙여 눈을 만듭니다.

7. **달걀 그리기:** 주황색이나 노란색 스프링클을 쿠키 몸통을 가로질러 지그재그 패턴으로 붙입니다. 아랫부분에 샌딩슈가를 뿌립니다(쿠키는 밀폐 용기에 담아 실온에서 5일 동안 보관할 수 있습니다).

Bunny Cookies

토끼 쿠키

36개 분량

이 한입 크기의 설탕 쿠키는 미니멀한 부활절 토끼입니다. 둥그런 반죽에다 가위집을 두 군데 짧게 내고 이쑤시개로 2개의 구멍을 찍으면 토끼가 됩니다. 이보다 단순할 수 없겠지요. 바구니에 쏙 들어가서 접시 너머로 아침 식탁을 보는 것 같은 모습이 무척 귀엽습니다.

무염버터 2스틱(1컵): 실온 상태

설탕 ¾컵

바닐라 익스트랙 1작은술

굵은소금 ½작은술

큰 달걀의 흰자 1개

분홍색과 연보라색 젤-페이스트 색소

무표백 중력분 3컵

1. 큰 볼에 버터와 설탕을 넣고 전동 믹서를 이용해서 중속으로 2분간 연한 미색이 되고 풍성해질 때까지 휘젓습니다. 바닐라, 소금, 달걀흰자를 넣고 고루 저어줍니다. 분홍 토끼에는 분홍색 젤 색소를 한두 방울 원하는 만큼 떨어뜨리고, 연보라 토끼에는 연보라색 색소를 한두 방울 원하는 만큼 넣습니다. 믹서를 저속으로 낮추고 밀가루를 조금씩 넣으면서 섞습니다.

2. 토끼 한 마리씩 만드는데, 반죽 1큰술을 두 손바닥에 굴려 2.5㎝ 길이의 타원형 공을 만듭니다. 주방 가위를 30도 각도로 벌리고 앞에서 3㎝ 떨어진 곳에서 두 귀를 자릅니다(싹둑 잘라내지는 마세요).

3. 이쑤시개로 구멍을 내서 눈을 만듭니다. 유산지를 깐 베이킹 시트로 옮깁니다. 냉장실에 넣어 약 1시간 동안 굳힙니다.

4. 오븐을 175℃로 예열합니다. 쿠키 밑면이 황금 갈색이 될 때까지 22~25분 동안 굽습니다. 고르게 구워지도록 중간에 베이킹 시트를 앞뒤로 돌립니다. 식힘망으로 옮겨 완전히 식힙니다(쿠키는 밀폐 용기에 담아 실온에서 3일 동안 보관할 수 있습니다).

TIP

귀를 자를 때 집에 있는 가장 날카롭고 정교한 가위로 자르세요(크고 두툼한 주방가위를 사용하면 잘 안 됩니다).

Easter Egg Puzzle Cookies

부활절 달걀 퍼즐 쿠키

36개 분량

부활절 쿠키를 만들려면 달걀 몇 개는 깨뜨려야 한다는 말이 있지요. 여기에서 아이디어를 얻어 이 퍼즐 쿠키를 만들었습니다. 설탕 쿠키 반죽을 타원형으로 구운 후 '깨뜨리고' 파스텔 로열 아이싱과 샌딩슈가로 마무리하면 됩니다. 달걀을 찾은 후 조각을 맞춰볼 때 가장 재미있는 시간이 될 것입니다.

무표백 중력분 4컵 + 덧가루 조금

베이킹파우더 1작은술

굵은소금 ½작은술

무염버터 2스틱(1컵): 실온 상태

백설탕 2컵

달걀 큰 것 2개

바닐라 익스트랙 2작은술

로열 아이싱(244쪽)

보라색과 연분홍색 젤-페이스트 색소

샌딩슈가: 스프링클용(선택)

---

1. 큰 볼에 밀가루, 베이킹파우더, 소금을 넣고 섞습니다. 다른 볼에 버터와 백설탕을 넣고 전동 믹서를 이용해서 중속으로 3분간 연한 미색이 되고 풍성해질 때까지 휘젓습니다. 달걀을 한 번에 1개씩 넣으며 젓습니다. 믹서를 저속으로 낮추고 밀가루 혼합물을 조금씩 넣으면서 가볍게 섞어줍니다. 바닐라를 넣고 젓습니다. 반죽을 랩에 싸서 냉장실에 넣어 약 1시간 동안 휴지시킵니다.

2. 밀가루를 살짝 뿌린 조리대 위에 반죽을 올리고 0.3 cm 두께로 밀어 폅니다. 7.3cm 길이의 타원형 커터로 반죽을 자르고 한쪽 끝을 오므려 달걀 모양을 만듭니다. 유산지를 깐 베이킹 시트에 쿠키를 2.5cm 간격으로 놓습니다. 약 30분 동안 냉장실에 넣어 휴지시킵니다(반죽은 냉장실에 넣어 2일 동안 보관하거나 냉동실에 넣어 5일 동안 보관할 수 있습니다).

3. 오븐을 160℃로 예열합니다. 쿠키 가장자리가 노릇노릇하게 될 때까지 8~10분 동안 굽습니다. 오븐에서 꺼낸 즉시 과도를 이용하여 퍼즐 조각으로 자릅니다. 식힘망으로 옮겨 완전히 식힙니다.

4. 아이싱을 나눠 각각 다른 색으로 물들입니다. 퍼즐을 맞춰서 배열하고 아이싱을 바릅니다(243쪽 참고). 샌딩슈가를 뿌립니다(선택). 아이싱을 완전히 말린 후 점과 선을 짜서 장식합니다(아이싱을 덮은 쿠키는 밀폐 용기에 담아 실온에서 3일 동안 보관할 수 있습니다).

Fireworks Cookies

불꽃놀이 쿠키

4.4㎝ 84개, 6.6㎝ 60개, 7.9㎝ 30개, 8.9㎝ 13개 분량

독립기념일에 화려한 불꽃을 쿠키에 수놓으면 애국심이 불타오를 거예요. 폭죽을 표현하는 게 어려워 보이지만 생각보다 간단합니다. 흰색 로열 아이싱과 유색 로열 아이싱을 이쑤시개로 긋기만 하면 되거든요. 설탕 쿠키가 아니어도 납작한 쿠키면 무엇이든 다 됩니다.

무표백 중력분 4컵 + 덧가루 조금

베이킹파우더 1작은술

굵은소금

무염버터 2스틱(1컵): 실온 상태

설탕 2컵

달걀 큰 것 2개

바닐라 익스트랙 2작은술

로열 아이싱(244쪽)

빨강, 파랑, 남색 젤-페이스트 색소

---

1. 큰 볼에 밀가루, 베이킹파우더, 소금 ½작은술을 넣고 체에 내립니다. 또 다른 볼에 버터와 설탕을 넣고 전동 믹서를 이용해서 중속과 고속 사이로 3분간 연한 미색이 되고 풍성해질 때까지 휘젓습니다. 한 번에 달걀을 하나씩 넣으며 젓습니다. 믹서를 저속으로 낮추고 밀가루를 조금씩 넣은 후 바닐라를 넣고 섞습니다. 반죽을 2개의 원반 모양으로 빚은 후 랩으로 쌉니다. 냉장실에 1시간 이상 휴지시키거나 5일 동안 보관 가능합니다(냉동실에서 1개월 동안 보관할 수 있으며 사용 전 냉장실에서 녹입니다. 밀어 펼 수 있게 말랑해질 때까지 실온에 꺼내둡니다).

2. 오븐을 160℃로 예열합니다. 밀가루를 뿌린 조리대 위에 반죽을 올리고 0.6㎝ 두께로 밉니다. 지름 4.4㎝, 6.6㎝, 7.9㎝의 원형 쿠키 커터로 자르고, 자투리 반죽을 뭉쳐 한 번 더 밀고 자릅니다. 유산지를 깐 베이킹 시트로 옮깁니다. 약 30분 동안 냉장실에 넣어 굳

합니다.

3. 쿠키 가장자리가 갈색으로 변하기 시작할 때까지 17~19분 동안 굽습니다. 쿠키를 식힘망으로 옮겨 식힙니다.

4. 아이싱을 나눠 각각 다른 색으로 물들입니다. 각각 다른 짤주머니에 작은 원형 깍지(예:아테코Ateco #2)를 끼우고 아이싱을 채웁니다. 쿠키를 아이싱으로 덮습니다(243쪽 참고).

5. 곧바로 쿠키 중앙에 빨간색이나 파란색 점을 짭니다. 이 점을 중심으로 동심원이 되도록 짭니다(점과 같은 색을 짜거나 다른 색과 교차하며 짭니다).

6. 곧바로 이쑤시개로 폭죽이 터지는 모양을 표현합니다. 이쑤시개로 가운데 점부터 끝자락까지 색을 통과하며 그어줍니다. 안쪽 방향으로 한 번 바깥쪽 방향으로 한 번 번갈아가며 한 바퀴 돕니다(또는 한 방향으로 긋거나 휘어지게 그어서 바람개비 효과를 냅니다). 나머지 쿠키와 아이싱으로 똑같이 반복합니다(꾸민 쿠키는 밀폐 용기에 담아 실온에서 3일 동안 보관할 수 있습니다).

Halloween Spiderweb Cookies

할로윈 거미줄 쿠키

12개 분량

할로윈 파티에 온 손님들은 (거미가 의도한 대로) 이 매혹적인 흑백 거미줄 정가운데까지 손을 뻗으며 즐거운 시간을 보낼 것입니다. 아이싱을 입힌 쿠키를 동심원 대열로 맞춘 후 검은색 로열 아이싱을 짜서 거미줄을 칩니다.

무표백 중력분 1컵

박력분 1컵: 셀프라이징 밀가루 아닌 것으로

베이킹파우더 ½작은술

굵은소금 ¼작은술

달걀 큰 것 2개

백설탕 ¾컵

우유 ½컵

무염버터 6큰술: 녹여서 식힌 것

바닐라 익스트랙 ½작은술

슈가파우더 2컵: 체 친 것

따뜻한 물 3큰술

연한 색 콘시럽 2큰술

로열 아이싱(244쪽 참고)

검은색 젤-페이스트 색소

1. 중간 크기 볼에 두 가지 밀가루, 베이킹파우더, 소금을 넣고 섞습니다. 큰 볼에 달걀과 백설탕을 넣고 부드러워질 때까지 젓습니다. 우유를 넣고 섞은 다음, 녹인 버터와 바닐라를 넣고 섞습니다. 밀가루 혼합물을 조금씩 넣으며 말랑한 반죽을 만듭니다. 뚜껑을 덮어 1시간 동안 차갑게 휴지시킵니다.

2. 오븐을 175℃로 예열합니다. 57g짜리 스쿱으로 반죽을 떠서 유산지를 깐 베이킹 시트에 7.5㎝ 간격으로 놓습니다. 쿠키의 가장자리가 연한 갈색으로 변할 때까지 12~15분간 굽습니다. 고르게 구워지도록 중간에 베이킹 시트를 앞뒤로 돌립니다. 유산지 위에 올린 식힘망으로 쿠키를 옮겨서 완전히 식힙니다.

3. 작은 크기 볼에 슈가파우더, 뜨거운 물, 콘시럽을 넣고 부드러워질 때까지 젓습니다. 작은 오프셋 스패출러로 쿠키 위에 아이싱을 펴 바릅니다. 쿠키를 식힘망으로 다시 갖다 놓고 아이싱이 떨어지도록 그대로 둡니다. 약 1시간 동안 굳힙니다. 접시로 옮겨 동심원 대열로 촘촘하게 배열합니다.

4. 로열 아이싱을 만듭니다(치약과 같은 농도가 되도록 슈가파우더를 추가해가며 농도를 맞춥니다). 검은색 젤-페이스트 색소를 넣어 검은색 로열 아이싱을 만듭니다.

5. 짤주머니에 작은 원형 깍지(예: 아테코 Ateco #2)를 끼우고 검은색 로열 아이싱을 넣습니다. 맨 윗줄의 중간 쿠키에서 시작하여 바닥 쿠키까지 직선을 짭니다. 중간 줄의 쿠키들을 가로지르는 두 번째 직선을 왼쪽에서 오른쪽으로 짭니다. 6개의 선이 중간점을 통과하도록 일정한 간격으로 짭니다. 16개의 고른 삼각형이 나오면, 중앙에서부터 바퀴살을 연결하는 곡선을 짜서 거미줄을 그립니다. 아이싱이 쿠키 사이로 흘러도 됩니다. 그대로 굳힙니다(쿠키는 만든 당일 먹어야 가장 맛있습니다).

Hamantaschen

하만타셴

60개 분량

유대인 부림절에 먹는 하만타셴은 과일 프리저브를 채운 삼각형 모양이며 악에 대한 선의 승리를 상징합니다. 쿠키의 이름은 '하만의 주머니'라는 뜻이고, 그 모양은 성경에 나오는 악당의 삼각 모자를 상징합니다. 양귀비 씨앗을 넣는 것이 가장 전통적이지만 어떤 잼을 넣어도 버터 반죽과 잘 어울립니다.

무염버터 2스틱(1컵): 실온 상태

백설탕 1½컵

곱게 간 오렌지제스트 2작은술과 신선하게 짜낸 오렌지즙 2큰술

바닐라 익스트랙 2작은술

달걀 큰 것 3개: 실온 상태

무표백 중력분 4컵

베이킹파우더 4작은술

굵은소금 ½작은술

시판 잼: 살구, 라즈베리, 복숭아 등 필링용

굵은 샌딩슈가: 스프링클용

---

1. 큰 볼에 버터와 백설탕을 넣고 전동 믹서를 이용해서 중속과 고속 사이로 3분간 연한 미색이 되고 풍성해질 때까지 휘젓습니다. 오렌지제스트와 과즙, 바닐라, 달걀 2개를 넣고 골고루 섞습니다.

2. 또 다른 큰 볼에 밀가루, 베이킹파우더, 소금을 넣고 휘젓습니다. 전동 믹서를 저속으로 낮추고 밀가루 혼합물을 버터 혼합물에 조금씩 넣으면서 가볍게 섞어 줍니다.

3. 반죽을 3등분으로 나눕니다. 한 덩이씩 2장의 유산지 사이에 넣고 0.3㎝ 두께로 밉니다. 냉장실에 넣어 굳힙니다.

4. 7.3㎝ 원형 쿠키 커터와 10㎝ 별 모양 쿠키 커터로 반죽을 잘라냅니다. 삼각형 모양내기: 동그라미 반죽 위에 잼 ¾작은술을 올립니다. 반죽의 옆면을 들어 잼을 감싸면서 가운데로 접은 후 이음매를 꼬집어 모양을 잡습니다. 별 만들기: 별 모양 반죽 위에 잼 ½작은술을 올립니다. 반죽의 뾰족한 부분을 들어 가운데로 모읍니다. 이음매를 눌러 모양을 잡습니다.

5. 오븐을 175℃로 예열합니다. 작은 볼에 남은 달걀을 깨뜨려 넣습니다. 쿠키에 달걀물을 바르고 샌딩슈가를 뿌립니다. 쿠키가 단단해질 때까지 12~15분 동안 굽습니다. 고르게 구워지도록 중간에 베이킹 시트를 앞뒤로 돌립니다. 쿠키를 식힘망으로 옮겨 완전히 식힙니다(쿠키는 밀폐 용기에 담아 실온에서 5일 동안 보관할 수 있습니다).

TIP

'할 일과 하지 말아야 할 일'이 쿠키 모양 잡는 데에도 적용됩니다. 할 일: 반죽이 단단해질 때까지 차갑게 굳히세요. 하지 말아야 할 일: 잼을 과하게 채우지 마세요(넘쳐버립니다).

마 샤 의 특 강
아이싱 하트 쿠키

아이싱 하트 쿠키가 분홍색 물감과 식용 금가루를 만나 미술 작품이 되었습니다. 사진에서는 사선을 칠해서 밸런타인 하트를 만들었는데, 다음 장에 나오는 응용편처럼 경쾌한 체크무늬를 칠하거나 하트 전체(혹은 반반씩 다른 색깔로)를 아이싱에 찍을 수 있습니다. 반죽이 말랑하기 때문에 반죽을 밀 때 밀가루를 뿌린 2장의 유산지 사이에 넣고 밀어야 밀대에 달라붙지 않습니다. 반죽을 찍어낼 때도 커터에 밀가루를 바르고, 베이킹 시트로 옮길 때도 스패출러에 밀가루를 묻힙니다.

24개 분량

무표백 중력분 2컵 + 덧가루 조금

베이킹파우더 ½작은술

굵은소금 ½작은술

무염버터 1스틱(½컵): 실온 상태

설탕 1컵

달걀 큰 것 1개: 실온 상태

바닐라 익스트랙 1작은술

젤-페이스트 식용 색소(선택)

로열 아이싱(244쪽 참고, 선택)

식용 금가루(선택)

퓨어 레몬 익스트랙(선택)

1. **쿠키 만들기**: 중간 크기 볼에 밀가루, 베이킹파우더, 소금을 넣고 섞습니다. 다른 큰 볼에 버터와 설탕을 넣고 전동 믹서를 이용해서 중속과 고속 사이로 약 3분간 연한 미색이 되고 풍성해질 때까지 휘젓습니다. 달걀과 바닐라를 넣고 고루 저어줍니다. 저속으로 낮추고 밀가루 혼합물을 조금씩 넣으면서 가볍게 섞어줍니다. 반죽을 반으로 나눠 원반 모양으로 빚습니다. 각각 랩으로 싼 다음 냉동실에 넣어 약 20분 동안 얼립니다.

2. 오븐을 160℃로 예열합니다. 원반 반죽 한 덩이를 꺼내 5~10분 동안 실온에 그대로 둡니다. 밀가루를 살짝 뿌린 유산지 2장 사이에 반죽을 넣고 0.3cm 두께로 밉니다. 반죽이 달라붙으면 밀가루를 더 뿌려도 됩니다. 7.3cm 크기의 하트 쿠키 커터로 반죽을 자릅니다. 스패출러로 떠서 유산지를 깐 베이킹 시트로 옮깁니다(반죽이 너무 질면 10분간 냉장실에 넣어두세요). 자투리 반죽을 뭉쳐 다시 밀고 모양을 더 잘라냅니다. 남은 반죽 한 덩이로도 똑같이 반복합니다.

3. 쿠키의 가장자리가 노릇노릇해질 때까지 12분 동안 굽습니다. 고르게 구워지도록 중간에 베이킹 시트를 앞뒤로 돌립니다. 쿠키를 식힘망으로 옮겨 완전히 식힙니다.

4. **쿠키 장식하기**: 선택 사항으로, 로열 아이싱에 젤-페이스트 색소를 한 번에 한 방울씩 떨어뜨려 원하는 색을 만듭니다. 로열 아이싱을 볼에 옮겨 담은 후 쿠키 윗면을 아이싱에 살살 담갔다 들어 올립니다. 여분을 밑으로 떨어뜨린 후 다시 똑바로 들고 톡톡 두드려 기포를 없앱니다. 베이킹 시트나 유산지 위에 식힘망을 올리고 아이싱을 입힌 쿠키를 식힘망 끝에서 끝까지 배열하고 완전히 말립니다. 분홍색 젤 색소를 물에 희석한 후 폭 6cm의 붓을 이용해서 사선으로 칠합니다. 작은 그릇에 금가루와 레몬 익스트랙 몇 방울을 섞은 후 작은 붓을 이용해서 쿠키 위에 흩뿌립니다(쿠키는 밀폐 용기에 담아 실온에서 1주일 동안 보관할 수 있습니다).

아이싱 하트 응용하기

담그기

하트 쿠키를 구워 완전히 식힙니다. 하트 반쪽을 아이싱에 푹 담갔다가 그릇 가장자리에 여분을 긁으며 꺼냅니다. 금가루와 레몬 익스트랙 몇 방울을 섞은 후 작은 붓을 이용해서 쿠키 위에 흩뿌립니다.

체크무늬 (사진에는 없음)

아이싱을 볼에 붓습니다. 쿠키 윗면을 아이싱에 살살 담갔다 들어 올립니다. 여분은 밑으로 떨어뜨린 후 다시 똑바로 들고 톡톡 두드려 기포를 없앱니다. 아이싱을 입힌 쿠키들을 서로 붙여 배열합니다. 젤-페이스트 색소를 물에 희석합니다. 폭 6cm의 붓으로 하트 쿠키 전체를 가로 세로로 칠하여 체크무늬를 그립니다.

아이싱 하트 쿠키 팁

- 이 쿠키는 매우 부드러워야 합니다. 반죽을 너무 많이 저으면 질긴 쿠키가 될 수 있으므로 주의합니다.

- 반죽을 밀기 5~10분 전에 냉동실에서 꺼내두어야 만들기 쉽습니다. 반죽을 밀 때에는 두세 번 밀 때마다 옆으로 회전시켜 일정한 두께를 만듭니다.

- 쿠키를 베이킹 시트로 옮길 때에는 오프셋 스패출러로 떠서 모양이 흐트러지지 않게 옮깁니다. 만약 반죽이 너무 질면 곧바로 냉동실에 몇 분간 넣어둡니다.

- 아이싱을 입히기 전에 식힘망 밑에 유산지를 깔면 아이싱이 몇 방울 떨어져도 받칠 수 있고 세척이 쉬워집니다.

- 쿠키들을 서로 가까이 놓고 전체적으로 사선을 긋거나 체크무늬를 그립니다. 매우 가벼운 손놀림으로 칠하세요.

- 윗면을 덮을 아이싱은(243쪽 참고) 물을 추가하여 묽게 만듭니다. 테두리를 그리거나 세밀한 그림을 그릴 때는 진한 농도가 필요합니다.

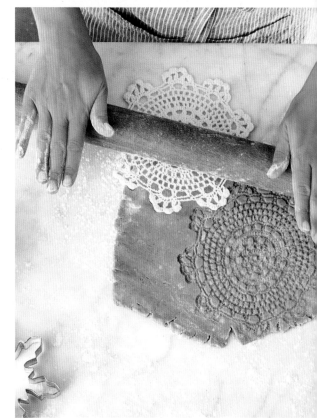

8

기본

떨어뜨리기, 밀기, 자르기, 모양 찍기 등 쿠키의 기본기를 익혀야
제대로 된 베이킹의 길로 나아갈 수 있습니다. 그다음 아이싱 입히기,
짜내기, 장식하기까지 더하면 완성도가 높아집니다.

기술

모양 찍기, 자르기, 스쿱으로 뜨기부터 짤주머니로 짜기 및 장식하기까지 쿠키를 만드는 기본기를 다지기 위한 팁과 요령입니다.

슬라이스-앤-베이크 쿠키

아이스박스 쿠키라는 애칭을 가진 슬라이스-앤-베이크 쿠키는 미리 만들어 냉동실에 보관할 수 있습니다.

유산지 위에 반죽을 올리고 통나무 모양으로 대강 빚은 뒤 유산지를 몸 쪽으로 덮습니다. 자의 긴 날로 덮은 유산지를 눌러 모양을 잡습니다. 아래쪽 유산지를 잡고 자를 반죽 쪽으로 꾹꾹 밀어서 다집니다.

키친타월 심을 길게 잘라 통나무 반죽을 넣습니다(또는 반죽을 차갑게 굳히는 도중 단단한 표면 위에 여러 번 굴려주어 둥근 모양을 유지합니다). 냉장실에 넣어 3시간 이상 휴지시킵니다. 단단해진 반죽을 길고 날카로운 칼로 자른 후 굽습니다.

드롭 쿠키

드롭 쿠키는 밀가루 반죽을 숟가락으로 떠서 유산지를 깐 베이킹 시트 위에 '떨어뜨려' 만듭니다.

반죽은 조금 단단해야 합니다. 너무 말랑하면 10분 정도 냉장실에 넣어 굳힙니다. 아이스크림 스쿱이나 쿠키 스쿱(18쪽 참고)을 사용하여 균일한 양을 뜨고 또는 숟가락으로 2큰술씩 떠서 일정한 크기를 만듭니다.

오븐에서 굽는 동안 쿠키가 퍼질 테니 베이킹 시트에 조금씩 간격을 두고 놓습니다. 구운 후에는 베이킹 시트에서 몇 분간 식힌 후 식힘망으로 옮깁니다.

미리 만들어놓으려면 공 모양으로 빚은 반죽을 베이킹 시트에서 굽지 않은 상태로 얼립니다. 밀폐 용기에 담아 1개월간 보관할 수 있습니다. 구울 때는 언 상태로 굽되 원래 굽는 시간에 몇 분 더 추가합니다.

밀어서 찍어내기

완벽하게 밀고 찍어낸 반죽은 화환 쿠키(24쪽) 같은 명품 쿠키의 바탕이 됩니다.

반죽을 나눠 똑같은 원반 모양으로 빚고 랩으로 쌉니다. 냉장실에서 1시간 이상 또는 레시피의 지침에 따라 굳힙니다. 손가락으로 부드럽게 눌러보아 자국이 거의 남지 않으면 반죽을 밀 준비가 된 것입니다.

랩을 벗겨 밀가루를 뿌린 조리대 위나 2장의 유산지 사이에 놓습니다(반죽이 끈적거리면 유산지에 밀가루를 살짝 뿌립니다). 반죽의 중앙부터 고른 압력을 가하여 같은 두께로 밉니다(그래야 같은 속도록 구워집니다).

쿠키 모양을 자를 때는 반죽 끝에서부터 촘촘하게 찍어내어 자투리 반죽을 최소화합니다. 자투리 반죽을 모아 냉상실에 넣어 굳힌 뒤 다시 밀고 자릅니다. 이를 여러 번 반복하면 질겨지므로 한 번만 반복합니다.

굽기 전 베이킹 시트에 올린 반죽을 냉장실에 넣어 굳힙니다. 차가우면 굽는 동안에도 모양이 유지됩니다.

짜기: 반죽, 필링 및 아이싱

짤주머니를 이용하면 하트 모양을 만들거나(왼쪽 위), 우피파이(오른쪽 위)에 크리미한 필링층을 짜거나 아이싱(맞은편)을 펴 바를 때 훨씬 조절하기 쉽습니다. 초보 제빵사에게는 다소 겁이 날 수도 있겠으나 기본기를 터득하는 것은 의외로 쉽습니다. 세밀하게 짜는 것이 처음이라면 먼저 유산지 위에 연습해봅니다.

짤주머니를 채우려면 주머니의 뾰족한 끝을 잘라낸 다음 주머니 안에 커플러 베이스를 밀어 넣습니다. 나삿니가 꼼꼼하게 덮이도록 꼭꼭 눌러줍니다. 깍지를 커플러 베이스 겉에 끼우고 바깥 링을 돌려 고정시킵니다. 짤주머니를 한 손에 쥐고, 주머니의 6~7.5cm를 손이 덮이도록 아래로 접으면 내용물을 흘리지 않고 넣을 수 있습니다. 또는 짤주머니를 기다란 그릇이나 유리병에 넣고 위를 한쪽으로 접어 봉합니다(젖은 키친타월을 바닥에 깔아서 깍지 끝에 있는 필링이 마르지 않도록 합니다). 흐르는 농도의 필링일 경우 깍지

끝을 랩으로 감쌉니다. 짤주머니의 반 또는 ⅔까지 채우고, 윗부분을 쭉 폅니다. 필링을 깍지 끝까지 밀어 기포를 없앱니다. 짤주머니의 상단을 비틀어 봉하거나 고무줄 및 집게로 봉합니다.

내용물이 반죽이든 필링이든 아이싱이든 한 손으로 짤주머니 윗부분을 잡고 다른 손으로 깍지를 조정합니다. 짤주머니를 수직으로 세우고 움직이면서 짜냅니다.

로열 아이싱 짜기

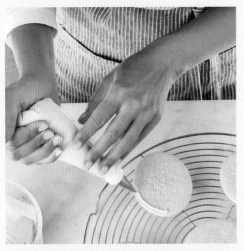

1. 지름 0.6㎝의 원형 깍지(예: 아테코Ateco #2)를 끼우고 쿠키 가장자리에서 안쪽으로 0.6㎝ 들어와 댐을 쌓듯 윤곽선을 짭니다. 윤곽선에는 되직한 아이싱을 사용합니다. 여기에 물을 섞어 꿀과 비슷한 농도를 만든 후 2단계로 넘어갑니다.

2. 지름이 조금 더 큰 원형 깍지(예: 아테코Ateco #5)를 끼우고 지그재그를 여러 번 그으며 윤곽선 안을 채웁니다. 이 작업을 플러딩flooding이라고 합니다.

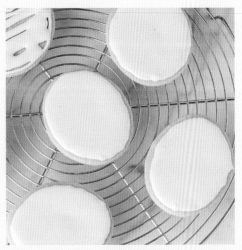

3. 이쑤시개 또는 작은 오프셋 스패출러로 아이싱을 고르게 펴 바릅니다.

4. 바탕 아이싱을 약 12시간 동안 말리고 그 위에 장식 아이싱을 짭니다. 장식이 끝나면 24시간 동안 완전히 말립니다.

아이싱, 필링, 글레이즈

화려한 아이싱으로 아름다운 색을 입히고 크리미한 필링으로 질감을 대비시키고 반짝이는 글레이즈로 윤이 나게 하면 더 먹음직스러워 보입니다.

Royal Icing

로열 아이싱

2 컵 분량

슈가파우더 453g(4컵): 체 친 것 + 여분
머랭 파우더 ¼컵과 1큰술

큰 볼에 슈가파우더, 머랭파우더, 물 ½컵을 넣고 전동 믹서를 이용해서 저속으로 약 7분간 부드럽고 불투명한 흰색이 될 때까지 휘젓습니다. 만약 아이싱이 너무 되직하면 물을 한 번에 1작은술씩 추가하여 물풀 같은 농도로 맞춥니다. 너무 묽으면 믹서로 2~3분 더 휘젓거나 설탕을 한 번에 1큰술씩 추가합니다. 바로 사용하지 않으려면 밀폐 용기에 담은 후 냉장실에 넣어 1주일 이내에 사용합니다. 사용하기 전에 유연한 스패출러로 잘 저어줍니다.

응용하기

로열 아이싱을 물들이려면 젤-페이스트 색소를 한 방울 떨어뜨리거나 이쑤시개로 한 번 찍어 넣고 잘 섞습니다. 양을 추가하면서 원하는 색을 만듭니다.

Poured Chocolate Fondant

초콜릿 폰당

1 ¾ 컵 분량

슈가파우더 680g(6컵): 체 친 것
무가당 더치 프로세스 코코아가루 2큰술
연한 색 콘시럽 2큰술
무가당 초콜릿 113g: 잘게 자른 것

중간 크기 볼에 설탕과 코코아가루를 넣고 섞습니다. 물 ½컵과 콘시럽을 넣고 젓습니다. 약한 불에 올린 후 가끔씩 저으며, 만져보아 따뜻하게 느껴질 때까지 약 4분 동안 끓입니다. 초콜릿을 넣고 부드럽게 녹을 때까지 약 1분간 젓습니다. 필요하면 따뜻한 물을 추가하여 부드러운 농도를 유지하고, 전자레인지에 넣거나 끓는 불에 중탕하여 다시 데웁니다.

Basic Buttercream

기본 버터크림

5 ½ 컵 분량

무염버터 4스틱(2컵): 실온 상태
슈가파우더 680g(6컵): 체 친 것
바닐라 익스트랙 1작은술
굵은소금 조금

큰 볼에 버터를 넣고 전동 믹서를 이용해서 중속과 고속 사이로 약 2분간 연한 미색으로 크리미한 상태가 될 때까지 휘젓습니다. 믹서를 중속으로 낮추고 한 번에 설탕 ½컵씩 넣으며 1~2분간 섞습니다. 바닐라와 소금을 넣고 섞습니다. 다시 속도를 중속과 고속 사이로 높여서 약 1분간 부드러워질 때까지 휘젓습니다. 바로 사용하거나 밀폐 용기에 담아 냉장실에서 3일 동안 보관합니다. 사용하기 전에 실온에 꺼내두고 전동 믹서를 이용해서 저속으로 저어 부드럽게 만듭니다.

Caramel Buttercream

캐러멜 버터크림

2 컵 분량

설탕 ⅓컵
굵은소금 조금
헤비크림 3큰술
무염버터 2작은술
기본 버터크림(왼쪽 레시피) 1¼컵

---

1. 작고 깊은 냄비에 설탕, 소금, 물 2큰술을 넣고 중불에 올려 설탕이 녹을 때까지 끓입니다. 젓지 말고, 뭉치는 재료가 없도록 붓으로 팬의 옆면을 쓸어내리면서 계속 끓입니다. 8~10분 동안 진한 호박색의 캐러멜이 될 때까지 끓인 후 불을 끕니다.

2. 크림이 튀지 않도록 살살 저어줍니다. 그다음 버터를 넣고 섞습니다. 캐러멜 소스를 45분 동안 완전히 식힙니다.

3. 버터크림과 캐러멜 소스를 넣고 전동 믹서를 이용해서 중속으로 약 3분간 그릇 옆면을 훑어 내리면서 부드러워질 때까지 휘젓습니다. 바로 사용하거나 밀폐 용기에 담아 냉장실에서 3일 동안 보관할 수 있습니다. 사용하기 전에 실온에 꺼내두고 전동 믹서를 이용해서 저속으로 저어 부드럽게 만듭니다.

Swiss Meringue Filling

스위스 머랭 필링

4 컵 분량

큰 달걀의 흰자 4개: 실온 상태
설탕 1컵
타르타르 크림 조금
바닐라 익스트랙 ½작은술

---

1. 중간 크기 냄비에 물 ¼을 채우고 중불에서 끓입니다.

2. 내열 용기에 달걀흰자, 설탕, 타르타르 크림을 넣고 중탕으로 끓입니다. 3분~3분 30초 동안 설탕이 녹고 흰자를 만져보아 따뜻하게 느껴질 때까지 저어줍니다(손가락으로 비벼서 확인합니다).

3. 불을 끕니다. 전동 믹서를 이용해서 저속으로 젓다가 점점 속도를 높이면서 약 10분간 단단하고 윤이 나는 뿔이 형성될 때까지 휘젓습니다. 바닐라를 넣고 가볍게 섞습니다(바로 사용하거나 밀폐 용기에 담아 냉장실에서 3일 동안 보관할 수 있습니다).

Swiss Meringue Buttercream

스위스 머랭 버터크림

6 컵 분량

큰 달걀의 흰자 5개: 실온 상태
설탕 1¼컵
무염버터 4스틱(2컵): 잘게 자르고 실온 상태
바닐라 익스트랙 1작은술

---

1. 중간 크기 냄비에 물 ¼을 채우고 중불에서 끓입니다.

2. 내열 용기에 달걀흰자와 설탕을 넣고 중탕으로 끓입니다. 3분~3분 30초 동안 설탕이 녹고 흰자를 만져보아 따뜻하게 느껴질 때까지 저어줍니다.

3. 불을 끕니다. 전동 믹서를 이용해서 저속으로 젓다가 점점 속도를 높이면서 약 10분간 단단하고 윤이 나는 뿔이 형성될 때까지 휘젓습니다.

4. 믹서를 저속으로 낮추고 달걀흰자에 버터를 한 조각씩 넣어 부드러워질 때까지 젓습니다. 바닐라를 넣고 가볍게 섞습니다(바로 사용하거나 밀폐 용기에 담아 냉장실에서 3일 동안 보관할 수 있습니다).

Lemon Glaze

레몬 글레이즈

¾ 컵 분량

큰 달걀의 흰자 1개
슈가파우더 2컵: 체 친 것 + 여분
신선한 레몬즙 1~2작은술

큰 볼에 달걀흰자, 설탕, 레몬즙 1작은술을 넣고 부드러워질 때까지 섞습니다. 상태를 보고 레몬즙 1작은술을 넣으며 원하는 농도로 맞춥니다. 만약 글레이즈가 너무 묽어 쿠키 가장자리 아래로 흘러내리면 한 번에 설탕 1큰술씩 추가합니다. 글레이즈가 너무 되직하면 한 번에 물 1작은술씩 추가합니다(바로 사용하거나 글레이즈에 랩을 밀착시켜 씌운 후 실온에서 2일 또는 냉장실에서 3일 동안 보관합니다. 사용하기 전 실온에 꺼내둡니다).

템플릿

205쪽의 허니-스파이스 진저브레드 타운하우스 도안입니다.
125% 확대 복사해서 사용하면 됩니다.

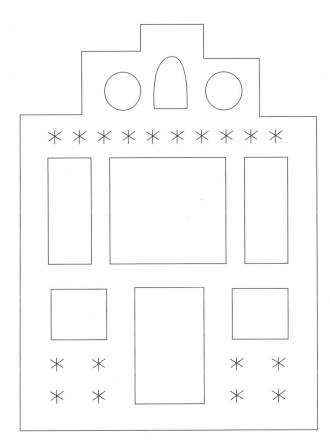
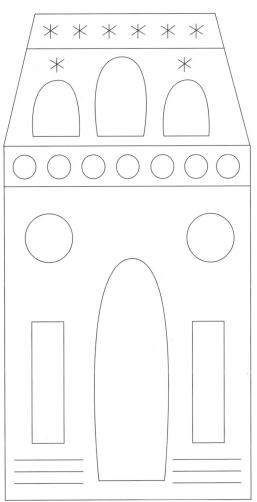

장식

설탕을 입힌 고명

민트 잎과 작은 식용 꽃, 허브 잔가지 및 베리류 열매에 적용하는 기술입니다. 작은 볼에 달걀흰자 1개와 물 1큰술을 넣고 휘젓습니다. 핀셋으로 민트 잎이나 다른 고명을 집고 붓으로 달걀흰자를 가볍게 바릅니다. 고운 설탕을 표면에 뿌리고 베이킹 시트 위에 올린 식힘망으로 옮겨서 약 8시간 동안 말립니다(고명은 하루 전에 만들어놓고 밀폐 용기에 담아 실온에 보관할 수 있습니다).

설탕에 조린 감귤류

날카로운 과도로 오렌지, 레몬, 자몽의 꼭지를 자릅니다. 과일의 곡면을 따라 가장 바깥쪽 껍질을 벗겨내고, 흰 속껍질은 남겨둡니다. 껍질을 세로 0.6㎝ 폭으로 자릅니다. 중간 크기 냄비에 물을 끓여서 껍질을 넣고 약 10분 동안 껍질이 부드러워질 때까지 끓입니다. 구멍 뚫린 국자로 껍질을 건져 베이킹 시트 위에 얹은 식힘망으로 옮기고, 한 층으로 펼쳐 15분 정도 살짝 말립니다. 중간 크기 냄비에 설탕 1컵과 물 1컵을 넣고 센 불에서 설탕이 녹도록 저어가며 끓입니다. 껍질을 넣고 껍질이 반투명하게 변하고 시럽이 걸쭉해질 때까지 8~10분 정도 끓입니다. 구멍 뚫린 국자로 껍질을 건져 식힘망으로 옮기고, 서로 붙지 않게 놓은 뒤 1시간 동안 말립니다. 설탕 ½컵을 뿌려 코팅합니다.

설탕에 조린 생강

냄비에 설탕 2컵과 물 1컵을 담고 중불에서 끓입니다. 설탕이 녹을 때까지 저으면서 5분 동안 끓입니다. 신선한 생강 2개(각각 15㎝, 226g 정도의 크기)의 껍질을 깝니다. 날카로운 과도로 생강을 아주 얇게(약 0.3㎝) 썰어서 냄비에 넣습니다. 반투명하고 부드러워질 때까지 20~25분 동안 중약불에서 끓입니다. 베이킹 시트 위에 유산지를 깔고 그 위에 식힘망을 얹습니다. 구멍 뚫린 국자로 건져서 식힘망 위로 옮겨 물기를 뺍니다. 생강 시럽은 다른 용도로 쓸 수 있도록 따로 보관합니다(식힌 후 밀폐 용기에 담아 1개월 동안 냉장실에 보관할 수 있습니다). 작은 볼에 설탕 ¼컵을 붓고 한 번에 생강편 1~2개씩 굴려 코팅합니다(밀폐 용기에 담아 실온에서 1개월 동안 보관할 수 있습니다).

구운 견과류

오븐을 175℃로 예열합니다. 테두리가 있는 베이킹 시트 위에 아몬드, 피칸, 호두와 같은 견과류를 한 겹으로 펼쳐놓습니다. 노릇노릇하고 향이 퍼질 때까지 가끔씩 뒤집어주며 10~12분 동안 굽습니다. 자르거나 다진 견과류라면 6분 이후부터 상태를 확인합니다. 헤이즐넛의 경우 190℃에서 껍질이 갈라질 때까지 10~12분 동안 굽습니다. 충분히 식힌 후 깨끗한 키친타월에 문질러 껍질을 벗깁니다.

녹인 초콜릿

빵칼로 초콜릿을 굵게 자릅니다. 마른 내열 용기에 초콜릿을 넣고 중탕으로 끓입니다. 고무 스패출러로 살살 저으며 초콜릿에 윤기가 흐를 때까지 녹입니다. 용기를 들어내고 용기 바닥에 맺힌 물기를 닦습니다.

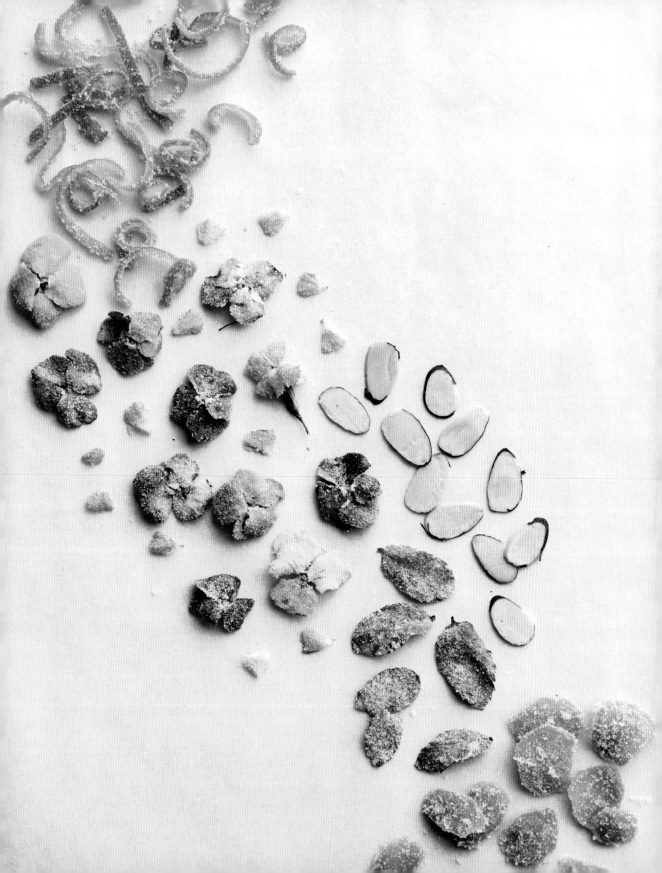

감사의 글

마지막 쿠키 책을 발간한 지도 10여 년이 흘렀습니다. 마샤 스튜어트Martha Stewart 직원들과 함께 쿠키를 굽고 장식하고 먹으며 행복해하던 무수한 시간에 비하면 늦은 감이 들기도 합니다. 가장 좋아하게 될 다음 요리책이 나오는 것이라며 설레는 마음으로 만들어준 편집팀의 수잔 루퍼트Susanne Ruppert, 사나에 레모인Sanaë Lemoine, 나네트 막심Nanette Maxim에게 감사의 말을 전합니다. 마이클 맥코믹Michael McCormick은 화려한 색채 구성부터 신선하고 재기발랄한 레이아웃에 이르기까지 아름다운 디자인을 맡아주었습니다. 푸드스타일리스트 제이슨 슈라이버Jason Schreiber는 각 쿠키를 훌륭하게 업그레이드해주었고, 무한 에너지를 지닌 케이틀린 해트 브라운Caitlin Haught Brown, 제스 다먹Jess Damuck, 몰리 웬크Molly Wenk와의 협력을 이끌어냈습니다. 사진작가 레나트 위불Lennart Weibull과 함께 작업하게 되어 매우 영광이었습니다. 놀라운 재능의 소유자 로리 레일리Lorie Reilly와 함께 많은 맛있는 이미지들을 수월하게 촬영해주었습니다. 소품 스타일리스트 칼라 곤잘레스-하트Carla Gonzalez-Hart는 사진이 매력적으로 돋보이도록 도와주었습니다. 아래 나열한 사진작가들 모두 멋진 페이지를 완성해준 것에 감사드립니다. 토마스 조셉Thomas Joseph, 카비타 티루푸아남Kavita Thirupuvanam, 리빙Living 잡지팀의 동료들과 친구들, 새로운 레시피를 개발하고, 베이킹 기법을 연구하고, 새로운 쿠키의 맛을 테스트하는 데 여념이 없었지요. 진심으로 감사합니다. 늘 그렇듯 케빈 샤키Kevin Sharkey와 캐롤린 드 안젤로Carolyn D'Angelo에게 특별한 감사를 표합니다. 또한 로라 윌리스Laura Wallis, 브리짓 피츠제럴드Bridget Fitzgerald, 마이크 배러시Mike Varrassi, 스테이시 타이렐Stacey Tyrell, 거트루드 포터Gertrude Porter, 호세파 팔라시오스Josefa Palacios의 공에도 깊은 감사의 인사를 전합니다. 한 식구나 다름없는 클락슨 포터Clarkson Potter사의 제니퍼 시트Jennifer Sit, 마크 맥카우슬린Mark McCauslin, 리네마 크놀뮬러Linnea Knollmueller, 킴 타이너Kim Tyner, 메리사라 퀸Marysarah Quinn, 스테파니 헌트워크Stephanie Huntwork, 제니퍼 왕Jennifer Wang, 애런 웨너Aaron Wehner, 도리스 쿠퍼Doris Cooper, 케이트 타일러Kate Tyler, 스테파니 데이비스Stephanie Davis, 그리고 자나 브랜슨Jana Branson과 함께 책을 만들고 있다는 것을(그리고 쿠키를 굽고 있다는 것을) 무척 기쁘게 생각합니다.

사진 저작권

아래를 제외한 모든 사진의 저작권은 레나트 위불Lennart Weibull에 있습니다.

시드니 벤시몬Sidney Bensimon: 64쪽
아니타 칼레로Anita Calero: 91쪽
첼시 카바노우Chelsea Cavanaugh: 29, 185, 234, 237쪽
렌 풀러Ren Fuller: 99쪽
루이스 해거Louise Hagger: 37, 215, 220쪽
레이몬드 홈Raymond Hom: 26쪽
마이크 크라우터Mike Krautter: 25, 41, 55, 56, 59, 103, 139, 154, 161, 162, 189, 193쪽
라이언 리베Ryan Liebe: 76쪽
데이비드 말로시David Malosh: 108쪽
조니 밀러Johnny Miller: 228쪽

마커스 닐슨Marcus Nilsson: 52, 173쪽
린다 퍼글리제Linda Pugliese: 110, 113쪽
아르만도 라파엘Armando Rafael: 표지, 67, 128쪽
제이슨 바니Jason Varney: 75쪽
안나 윌리엄스Anna Williams: 194쪽
린다 샤오Linda Xiao: 51쪽

찾아보기

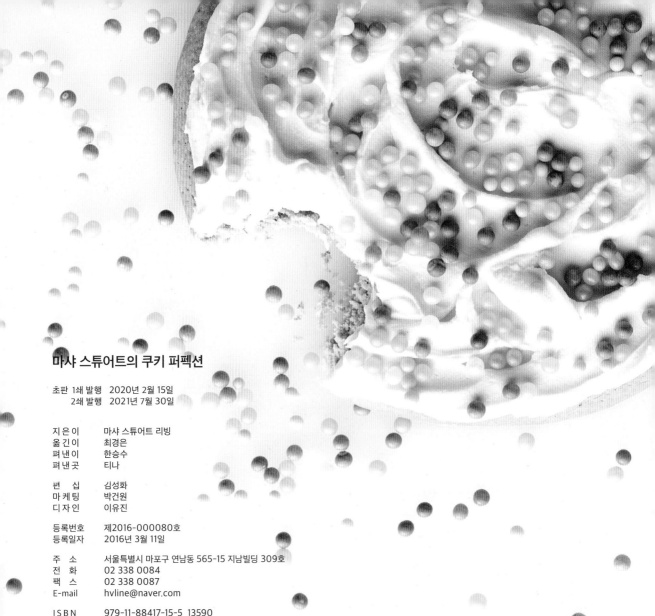

마샤 스튜어트의 쿠키 퍼펙션

초판 1쇄 발행   2020년 2월 15일
2쇄 발행   2021년 7월 30일

지 은 이   마샤 스튜어트 리빙
옮 긴 이   최경은
펴 낸 이   한승수
펴 낸 곳   티나

편   집   김성화
마 케 팅   박건원
디 자 인   이유진

등록번호   제2016-000080호
등록일자   2016년 3월 11일

주   소   서울특별시 마포구 연남동 565-15 지남빌딩 309호
전   화   02 338 0084
팩   스   02 338 0087
E-mail   hvline@naver.com

I S B N   979-11-88417-15-5 13590

*책값은 뒤표지에 있습니다.
*잘못된 책은 구입처에서 교환해드립니다.
*티나(teena)는 문예춘추사의 취미실용 브랜드입니다.

MARTHA STEWART'S COOKIE PERFECTION:
100+ Recipes to Take Your Sweet Treats to the Next Level by Editors of Martha Stewart Living
Copyright © 2019 by Martha Stewart Living Omnimedia, Inc.
All rights reserved.
This Korean edition was published by Moonyechunchusa in 2019 by arrangement with Clarkson
Potter / Publishers, an imprint of Random House, a division of Penguin Random House LLC
through KCC(Korea Copyright Center Inc.), Seoul.